비
숲

비숲

긴팔원숭이 박사의
밀림 모험기

김산하

사이언스
SCIENCE 북스
BOOKS

동생에게

차 례

1장
—
도착

방 한가운데 여행 가방이 열려 있다. 벌써 몇 시간째 채워지길 기다리고 있다. 하지만 진도는 더디다. 그저 긴 여행이었다면 조금은 더 쉬웠으리라. 하지만 이건 평범한 여행이 아니었다. 몇 년이 걸릴지 정확히 알 수 없는 문제도 있었지만, 단순히 기간보다도 이것이 일종의 모험이라는 점이 나의 짐 꾸리기를 어렵게 만들고 있었다. 그렇다. 이건 모험이었다. 비유적인 의미에서의 모험이 아니라 진짜 미지의 세계로 뛰어드는 행위. 지금 같은 시대에도 가능하다는 사실이 놀라운 명실상부한 모험이었다. 그리고 나는 천연덕스럽게 모험을 위한 짐을 싸고 있었다.

비행기에 올라탄 나는 눈을 감는다. 나의 행선지는 나머지 승객 전체와 얼마나 다를까? 사업가, 여행객, 비즈니스맨의 무리 속에서 엉뚱한 여행 목적을 지닌 한 사람. 먼 열대의 나라 숲 속의 야생 동물을 향해, 오직 그 녀석 하나를 향해 내가 인생을 걸고 떠나고 있음을 누가 알까? 인도네시아의 긴팔원숭이를 만나러 왔습니다. 입국 신고서에 이렇게 쓸 생각에 살짝 웃음이 난다. 긴팔원숭이 녀석은 지금 이 순간에도 전혀 영문도 모르고 있겠지? 비행기로 일곱 시간이나 떨어진 곳에서 웬 난데없는 한국인이 점점 다가오고 있다는 사실을!

나에게 가장 많이 던져진 질문은 흥미롭게도 이 모험의 진위 여부에 관한 물음이었다. 가령, "나 긴팔원숭이 연구하러 가."라고 말하면, "정말 긴팔원숭이 연구하러 가?"라고 되묻는 식이다. 상대방이 잘못 들었거나 정신을 딴 데 팔고 있어서는 물론 아니다. 다시 물어봐 확인해야지만 풀리는 뭔가를 건드린 모양이다. 그리고는 간다는 사실을 확실시해 주고 나면 남녀노소를 막론하고 모두 환히 웃으며 나의 계획을 반기는 것이 아닌가. 정치가 어떻고, 경제가 어떻고, 심각하게 '어른 대화'를 하던 이들도 원숭이에 한 번, 밀림에 다시 한 번, 안색이 최소 두 번 밝아졌다. 보아 하니 다들 동물을 좋아하는데 왜 전혀 딴 걸 하고 살지? 긴팔원숭이 연구를 하러 떠남으로써 비로소 나는 사람들 속에 숨어 있는 야생에 대한 호기심과 그리움, 아직 죽지 않은 총기가 눈동자에 잠시나마 나타나는 것을 보았다. 그들과 가진 짧고 긴 만남들을 통해 이게 나만의 여행이 아닐 수도 있겠구나 하는 생각이 처음 들었다. 내가 대표로 가지만 어쩌면 이 경험은 우리가 함께 간직할 것이라는 말 없는 이해와 유대감을 나누었는지도 모른다.

남들이 유학길에 오를 때 나는 밀림행을 택했다. 이 사실이 나는 무척 자랑스러웠다. 이제는 그 어떤 좋은 곳으로 간다 해도 별 뉴스가 아닌 시대에 전혀 엉뚱한 곳을 향해 방향타를 돌리는 재미가 제법 쏠쏠했다. 꽉 막힌 도로와 반대 방향으로 시원하게 달리는 쾌감이랄까! 목적지나 속도보다도 다만 자유롭게 나아간다는 것이 진행 방향에 확신을 더해 주었다. 비교 대상이나 기준이 없어서 남들과 의사소통하는 데에 작은 어려움은 있었지만, 결국 비교가 목적인 대화를 차단하기에는 안성맞춤이었다. 물론 이런 점을 놓치지 않고 농담거리로 활용하는 것도 잊지 않았다. "장인어른의 시선으로 보면 딱히 딸을 덥석 줄 만한 커리어는 아니지! 껄껄껄!" 그러면 대화 상대는 늘 따라 웃곤 했다. 뭔 소린지 알겠다는 뜻이었다. 동시에 그 가상의 영감탱이도 인정 안 할 수 없을 만큼 멋지게 해내리라는 의미이기도 했다.

열대의 아침이 밝아 온 어느 날. 덜커덩거리는 지프차는 비포장도로

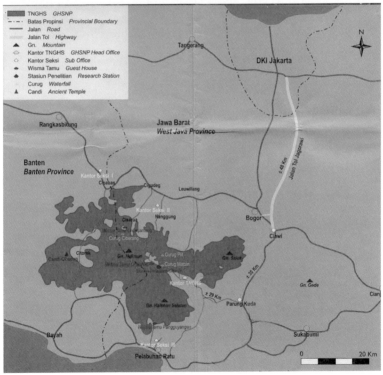

도착

를 몇 시간째 달리고 있다. 조수석에 앉은 나는 툭하면 열리는 문을 고정시키고자 힘주어 잡으면서 경치를 놓치지 않으려고 애쓰고 있었다. 우아하게 뻗은 야자나무의 기둥이 하늘로 올라갈수록 가늘어지고, 그 끝에는 풍파에 지친 이국적인 이파리들이 묶여 조용히 흔들렸다. 이렇게 가다 보면 밀림이 정말 나오는 것일까? 인간의 영역이 끝나고 야생의 왕국이 시작되는 그 경계선이 실제로 있을까? 현지 가이드의 말을 믿고 무작정 가고는 있었지만 내 눈으로 보기 전까지는 완전히 믿을 수 없었다. 끝없는 계단식 논 사이에 용케 난 이 구불 길이 끝나는 어디쯤이리라. 건물이나 기반 시설 같은 문명의 흔적이 눈에 띄게 드물어지고 있었다. 조금씩 나는 목적지가 가까워 오고 있음을 느낀다. 길가에 있던 이들이 하던 일을 멈추고 뚫어지게 나를 바라본다. 여긴 관광객이 흔히 오는 곳이 아니다. 인도네시아의 수도 자카르타로부터 아주 멀리 떨어져 있진 않지만, 산이 많고 지형이 울퉁불퉁해서 아직 개발의 손길이 미약한 곳이다. 이름 하여 구눙할리문쌀락 국립 공원(Gunung Halimuń-Salak National Park). 두 개의 보호지가 합쳐지기 전에는 그냥 할리문이라 불리었다. 할리문은 여기 말로 안개이다.

잠시 졸았나 보다. 이상하게 서늘해진 것 같아 주위를 살펴보니 사방이 어둡다. 분명히 아직 낮 시간이었지만 울창하게 자란 식물이 햇빛을 다 가리고 있는 게 아닌가! 그토록 기다리고 기다리던 밀림 입성의 순간을 놓쳤다는 분노에 휩싸임과 동시에 갑자기 눈앞에 펼쳐진 이 딴 세상에 어리둥절했다. 운전사는 우스운 듯 나를 다독였다. "아직 도착 안 했습니다요. 여기도 국립 공원 안이긴 한데 진짜 숲은 좀 이따 나타

납니다." 하지만 이 '곧'의 의미는 문화권마다 얼마나 다른가! 하마터면 또 잠들 뻔한 위기의 순간. 바로 그때 내 앞에 펼쳐졌다. 거짓말처럼 밀림이 나타났다.

꿈에 그리던 밀림이다. 김이 모락모락 피어오르는 열대의 우림. 신비로운 자태의 나무들이 당당하게 이곳이 야생의 제국임을 선언한다. 내린지 얼마 안 되는 비의 축축함이 숲의 혈액처럼 줄기와 가지에 맺혀 흐른다. 넘실거리는 녹음은 실타래같이 엮여 은은히 율동한다. 형체조차 분간하기 어려운 덩굴과 잎이 뒤엉킨 녹색 골칫덩어리가 숲의 공간을 가득 메운다. 가지각색의 희한한 형태와 그에 못지않은 소리가 서로 질세라 다양성을 과시한다. 덤불 속에서 뭔가 부스럭거린다. 나무 위에도 기척이 있다. 앵앵거리는 곤충의 날갯짓은 귀 근처를 떠나질 않는다. 어디선가 새빨간 새 한 마리가 화살처럼 튀어나와 녹색의 과녁에 박혀 사라진다. 출렁, 시냇물이 돌을 휘감아 치고 지나간다. 여기가 바로 지구의 허파, 야생의 궁극, 생명의 진원지이다. 드디어 도착한 것이다. 내 힘으로 찾아온 것이다!

그리고 저기 어딘가에 긴팔원숭이가 있다. 내가 친히 뵙고자 찾아온 그 동물이 말이다.

목표는 영장류목, 유인원 초과, 긴팔원숭이과에 속한 약 17종의 긴팔원숭이 중 자바긴팔원숭이라는 녀석이다. 영어로는 Javan gibbon, 학명은 *Hylobates moloch*. 은색긴팔원숭이라고도 불리는데 인도네시아 자바 섬에만 사는 고유종이다. 동물원 안내판에서 빠지지 않는 체중이나 임신 기간 따위의 정보를 알 필요는 없다. 무엇보다 유인원이라는 점이 인간의 시점에서 중요하다. 우리도 유인원이기 때문이다. 영장류 중에선 물론, 동물의 왕국에서 두뇌가 가장 뛰어난 특별한 멤버십의 그룹이다. 그래서 사실 긴팔'원숭이'라는 이름은 잘못되었다. 유인원과 원숭이는 서로 다른 영장류의 부분 집합이기 때문이다. 긴팔유인원이라 부르면 보다 정확한 이름이 될 것이다. 하지만 동물의 일반명은 원래 정확한 것이 아니라 이미 친근하게 자리 잡은 이 이름을 일단 그냥 사용하기로 한다. 그런데 이 유인원 드림팀에서 가장 잘 알려진 침팬

비숲

지와 고릴라는 아프리카 동물이다. 긴팔원숭이는 오랑우탄과 함께 아시아에만 사는 아시아의 유인원이다. 수마트라와 보르네오에 국한된 오랑우탄과는 달리, 긴팔원숭이는 북반구인 중국 남쪽에서부터 남반구인 인도네시아 자바까지 폭 넓게 서식한다. 이들의 분포 지역 중 최남단에 해당되는 곳이 나의 연구지이다.

감상에 빠져 있을 때가 아니다. 상황 파악을 하려면 정신을 바짝 차려야 한다. 연구를 하러 이곳에 온 게 아닌가. 당장 살 곳부터 찾아야 한다. 음식은 어떻게 장만하는지, 조수로 고용할 만한 건장한 마을 청년은 있는지, 전화는 되는지 모두 미지수이다. 국립 공원 깊숙한 곳에 위치한 어느 민가가 우리의 베이스캠프가 되었다. 합쳐 봤자 10여 가구 정도 되는 작은 마을을 둘러보는 데는 오래 걸리지 않았다. 아니나 다를까, 여기는 중앙에서 공급하는 전기, 수도, 전신, 우편 시스템이 모두 미치지 않는 곳이다. 위태롭게 회전하는 물레방아가 동네의 수력 발전을 책임지지만 기껏해야 백열전등 몇 개를 간신히 밝힌다. 정착한 지 얼마 지나 노트북을 잘못 꽂아 온 마을이 어둠에 잠긴 뼈아픈 기억이 있다. 물은 숲에서 흐르는 냇물을 호스로 집까지 연결해서 쓰니 부족함이 없다. 다만 가끔씩 물고기나 뱀장어가 관을 타고 화장실로 놀러오는 경우가 있을 뿐, 서부 자바의 상수원을 가장 먼저 쓰는 기분이 상쾌하다. 전화선은 없어도 마을 어귀의 동산에 올라가면 무선 전화 신호가 터지는 5미터 반경의 원이 하나에 있다. 전화 걸며 괜히 배회하다 이 '통신 영역'을 벗어났다간 소중한 신호를 잃는다.

그럭저럭 생활은 해결되고 있었다. 하지만 제일 중요한 건 사람이었다. 모든 것이 그렇듯 연구도 절대로 혼자 할 수 없다. 다행히 나는 처음부터 훌륭한 파트너가 있었다. 수마트라 남부에서 시아망이라는 다른 종류의 긴팔원숭이 연구에 참여했던 베테랑인 아리스라는 친구를 연구 보조원으로 스카우트하는 데 성공했던 것이다. 남자다운 골격과 여유 넘치는 매너, 매력적이면서도 실력이 출중한 친구다. 아리스와 함께 나는 당장 헤드헌팅에 나섰다. 선발 기준은 말 잘 듣고 발이 빠른 젊은 청년, 밀림 속에서 동물과 한판 승부를 벌여야 하는 업무 요건에 맞아야 하는 것이었다. 지나가다 만난 똘망똘망한 인상의 젊은이 한 명, 그가 소개한 친척 동생 또 한 명, 이렇게 삽시간에 팀이 꾸려졌다.

그런데 며칠 후 예상치 못한 일이 벌어졌다. 마을의 이장 격을 자칭한 사람과 두 명의 괴팍해 보이는 아저씨가 갑자기 나를 만나야겠다며 찾아왔다. 은근한 눈빛으로 담배를 한참 태우더니 이내 입을 열기 시작한다. 애기인즉슨 내가 동네의 규율을 위반했다는 것이다. 나의 연구팀에 선발된 인력은 전부 '외부' 사람으로서 '내부' 사람을 우선적으로 고용해야 하는 마을의 원칙을 어겼다는 것이다. "예? 이 두 명은 여기 사람이 아닌가요? 분명히 여기서 만난 애들입니다." 무슨 소리. 애네들은 엄연히 '윗마을' 사람들이지 우리가 사는 이 '아랫마을'과 전혀 다르다는 답변이다. "고작 걸어서 10분인데요?" 소용이 없다. 연구 보조원의 월급의 5퍼센트를 마을 발전을 위해 달라는 게 결론이다. 대충 얼버무려 일단 보내 놓고 뒷조사를 해 보니 진짜 이장도 아닐뿐더러 이런 수작을 부린 전력이 있음을 알게 되었다. 그래도 앞으로 알고 지낼 동네 사람인데 강경책으로 나갈 수만은 없다. 마을의 삐걱거리는 다리 하

도착

나를 보수해 주는 회유책을 펴는 대신 고용 문제는 별다른 언급 없이 그냥 잠자코 있기로 했다. 그런데 의외로 잠잠한 게 아닌가? 아리스에게 자초지종을 물었다. "응, 그 외나무다리 중간에서 우연히 만났는데 또 뭐라 하기에 일 없다 했지. 마침 손에 망치가 들려 있어서 그런지 순순히 가더라?"

정글의 법칙이란 이런 건가 보다. 다음 날은 과연 어떻게 펼쳐질까 그 미지의 미래를 꿈꾸며 나는 잠자리에 들었다. 물과 밤 짐승 소리가 무거워지는 밀림의 어둠을 적시고 있었다. 이제 채비는 끝났다. 내일 막은 올라간다. 긴팔원숭이야, 나 이제 들어간다!

2장

추적

열대의 아침은 캄캄한 가운데 시작된다. 빛이 밤을 채 침투하기도 전에 숲은 기지개를 켠다. 단 하루도 안전이 보장되지 않는 밀림의 밤을 무사히 보낸 생명들이 잠에서 깨어난다. 서로 얽히고설킨 생태계를 오늘도 한 바퀴 돌리기 위해 이들은 묵묵히 제 자리를 향해 기어가고, 뛰어가고, 날아간다. 간밤에 생이 마감된 이들도 부지기수이다. 살아남은 자들의 기쁨과 기상으로 꾸며진 이곳의 모든 아침은 그래서 특별하다.

오늘의 임무는 탐색이다. 첫 번째 과제는 무척이나 단순하다. 여기에 긴팔원숭이가 대체 있기나 한 건지 제일 먼저 알아내야 한다. 이것만 해도 상당히 어려운 일이다. 손쉬운 검색에 익숙한 현대인은 정보를 당연시, 아니 우습게 여긴다. 정보의 질과 관련성을 감별하는 데 약간의 노력을 기울일 뿐, 애초에 그 정보가 어디에서 어떻게 만들어지는지 보통 잘 알지 못한다. 특히 자연에 대해 보고하기란 더욱 난해하다. 직접 현장에 나가 제멋대로 생긴 자연에 인간의 질서를 부여하는 일은 실로 만만한 일이 아니다. "이곳에 동물이 x마리가 있다."라는 단순한 문장 하나를 쓰기 위해 필요한 노력은 때로는 상상을 초월한다.

어느덧 완전히 환해진 마당에 나는 탐색에 필요한 장비를 펼쳐 놓고 점검에 들어간다. 진흙탕인 밀림 속을 걷는 데 필수적인 장화는 뱀으로부터 다리를 보호해 주는 중요한 기능도 있다. 최소 10배 확대되는 쌍안경은 동물에 아주 가까이 가지 않아도 되게 함으로써 서로가 편한 '안전거리'를 지키게 해 준다. 울창한 숲에선 자칫하면 서로 잃어버리기 쉬우므로 무전기를 사용한다. 탁 트인 곳에서 3~4킬로미터 이상 닿는 성능의 무전기도 수풀이 우거진 이곳에선 기껏해야 1킬로미터

가 한계이다. 달러드는 벌레를 아주 약간 막아 줄 모자, 길잡이 나침반과 GPS 기기, 길 표시용 나무 테이프, 비 맞아도 젖지 않는 특수 코팅 공책도 준비되었다. 마지막으로 정글용 칼을 칼집에서 꺼내 보았다. 검은 날이 비장하게 번뜩인다. 밀림을 헤쳐 길을 내는 데 쓰는 물건이다. 식물을 자르긴 싫지만 그러지 않고선 도저히 움직일 방도가 없다. 대신 한 번 만들어 낸 길을 최대한 반복적으로 사용한다. 큰 칼 옆에 차고 깊은 숨 들이켜니 비로소 출정할 마음이 준비되었다.

우리는 좁은 길을 따라 조심스레 걸었다. 밀림은 태양빛이 작렬하는 한낮에도 나뭇잎이 숲 천장의 모든 틈을 메워서 어두침침하다. 충분한 수분 덕분에 빠른 식물 생장이 일어나고, 서로 쭉쭉 뻗으면서 햇빛 경쟁이 치열해지기 때문이다. 나무 꼭대기가 서로 맞닿아 만들어진 이 녹색 융단의 최상위층을 수관부(canopy)라 부른다. 높이가 30미터 이상, 때로는 50미터에 육박하는 수관부 어딘가에 숨어 있을 동물을 찾아내기 위해 우리는 온 신경을 집중시킨다. 계속 위만을 올려다봐야 하기에 목뼈가 아주 죽을 맛이다. 가만히 앉아 있는 상태의 동물을 알아볼 수 있다면 진정한 프로이고, 보통은 움직임을 포착하려고 한다. 제일 중요한 것은 바람에 의한 움직임과 동물에 의한 움직임을 분간하는 노하우. 아주 미묘한 차이지만 흔들림이 전체적인 흐름을 거스르지 않는 '식물성'인지, 아니면 뭔가 이질적인 '동물성'인지 경험이 쌓이면 알 수 있다. 한 나무의 줄기와 가지를 따라 쭉 스캔하고 치우고, 옆 나무로 시선을 옮겨 같은 작업을 반복한다. 잠깐. 갑자기 전방에 나뭇가지가 털썩 아래로 휘어진다. 뭔가 뛰어서 착지한 것일까? 재빨리 살펴보니 거대 다람쥐이다. 꼬리 길이만 성인 팔뚝만 한 녀석이다. 희한하게도 아이들 장난감 총에서 나는 레이저 소리를 낸다. 직접 들어야지만 믿을 수 있다. 우리의 목표물은 아니므로 통과. 탐색은 계속된다.

아무 수확 없이 하루 종일 헤매는 날들이 쌓여 가고 있었다. 거미줄에 얼굴이 덮이고, 가시덩굴에 어깨가 찢기도록 다녔지만 성과가 없다. 하지만 아직 초반이라 실망하기에는 이르다. 내일은 오늘보다 나을 거라 스스로 위로하며 집을 향한 어느 오후, 예상치도 못한 첫 만남이 일어났다. 길이 왼쪽으로 급회전하는 모퉁이를 지나는 순간이었다. 몸집이 커다랗고 얼굴에 흰 수염이 더부룩하게 난 회색의 긴팔원숭이가 우리와 반대 방향으로 지나가던 참이었다. 극히 찰나의 정적이 흘렀다. 인간과 긴팔원숭이는 서로를 바라보았다. 두 영장류의 시선이 정확히 맞춰진 첫 순간이었다. "저기다!" 의도치 않은 신호탄에 긴팔원숭이는 힘차게 출발했다. 마치 터보 엔진을 가동한 듯 녀석은 엄청난 추진력으로 밀림을 돌파하며 달아났다. 우리는 덤벙대며 황급히 쫓아가려 했지만 벌써 승패는 나 있었다. 하지만 합쳐서 5초도 되지 않은 이 만남에 우리는 모든 희망을 걸었다.

나는 한국 최초의 야생 영장류학자로서 이곳에 왔다. 여기서 최초라는 단어를 쓰기 위해 몇 개의 부분 집합을 동원하였음을 고백한다. 여러 나라 중 한국, 생물학 중에서도 영장류라는 하나의 분류군, 거기에다 사육되지 않은 야생 상태의 영장류, 이렇게 좁히고 좁히다 보면 모종의 처녀지에 도달하는 수가 있다. 나의 경우는 세 가지의 꾸미는 말로 '처음'에 도달한 셈이다. 으스댈 만할 대단한 일은 아니지만, 중요

추적

한 일이다. 인간으로서 우리의 역사와 정체성을 돌아보는 의미와, 생물 다양성 감소라는 위기 속 우리의 의무를 깨닫는 의미에서 필요하다. 영장류 연구는 거의 대부분의 선진국에서 하고 있지만 이 중 자국에 영장류가 자연 서식하는 나라는 일본뿐이다. 한국은 이제 시작이지만 영장류 연구의 역사는 유구하다. 대중에게 가장 잘 알려진 연구자는 저명한 인류학자인 루이스 리키 박사가 파견한 여성 삼총사이다. 침팬지는 제인 구달, 고릴라는 다이앤 포시, 오랑우탄은 비루테 갈디카스가 맡아 처음으로 장기간에 걸친 행동 생태학 연구를 감행하였다. 아무런 기반도 없는 오지에서 무지, 오해, 차별과 싸워 가며 수십 년 동안 이룬 이들의 업적은 이제 유명하다. 나는 선배들 각자의 고독한 발자취를 생각하며 나의 하루하루를 소화했다. 그들도 나와 같았겠지…….

　주 단위로 세월과 경험이 쌓이는 가운데, 순전히 의지로 수색을 강행한 덕에 조금씩 정보가 모아지고 있었다. A 구역에 분명히 긴팔원숭이가 있다. B 구역에도 있는 것이 확실하다. 그런데 이들은 과연 같은 개체인가 다른 개체인가? 한마디로 얘가 걔인가? 이런 기초 명제부터 확립해야 했다. 제대로 얼굴을 봐도 개체 식별이 안 될 판에 도망가기에 바쁜 애들을 두고 누가 누구인지 어떻게 안단 말인가. 하지만 인간도 감각을 가진 동물이라는 점을 명심하라. 숲에서 보내는 시간이 늘수록 원숭이 얼굴마저 구별하는 눈이 생긴다. 그들이 자주 다니는 통로도 차츰 알게 된다. 특히 저들끼리 즐겨 다투는 곳은 영역의 경계를 그대로 보여 주는 확실한 단서이다. 연구를 시작한 지 약 두 달 만에 우리는 긴팔원숭이 집단 세 개의 존재에 대해 확신할 수 있었다. "이곳에 세

누가 누구인가?

그룹이 있다!" 나는 아무도 듣는 이 없는 들판으로 달려 나가 외쳤다.

　그런데 문제는 지금부터였다. 이제 드디어 '익숙화'를 시작할 때였기 때문이다. 긴팔원숭이가 우리로부터 도망가지 않도록 훈련시키는 가장 어려운 단계에 도달한 것이었다. 이 점에서 영장류는 매우 특이하다. 동물이란 대개 모습을 드러내기 꺼려 하기 때문에 몰래 관찰하거나 흔적 등의 이차적 정보에 의존해야 한다. 영장류도 달아나는 건 여느 동물과 매한가지이지만 어떻게든 놓치지 않고 쫓아가는 데 성공하면, 그리고 그들과의 경주 시합을 여러 번 치르면, 어느 순간부터 이들은 포기한다. 어떤 시점부터 인간의 존재에 더 이상 신경을 쓰지 않는 이 특징은 지겨워하는 능력 덕분이다. 지겨움은 호기심의 반대급부이다.

일상이 지루하지 않다면 굳이 새로운 것을 찾을 필요도 없다. 매주 장난감을 바꿔 주어도 만족할 줄 모르는 침팬지 사육사의 고초를 들어 보았는가. 영장류는 그 어떤 동물보다 호기심이 많고, 그것이 충족되고 나면 완전하게 흥미를 잃는다. 소스라치게 인간을 무서워하던 동물이 어느새 그 공포의 대상을 극복하는 것을 넘어서 무시하기에 이른다. 익숙해지는 것이다.

하지만 말이 쉽다. 정글에서 원숭이와 경주라니! 목줄 잠시 놓친 우리 집 강아지도 여간 잡기 힘든 게 아닌데, 끝도 알 수 없는 숲 속에서 동물과 달리기 경쟁이 웬 말이냐? 긴팔원숭이는 어깨 관절이 자유자재로 회전하고 두 팔을 번갈아 나뭇가지에 탁탁 걸며 이동하는 이른바 'brachiation'의 달인이다. 날개를 갖지 않은 동물 중 긴팔원숭이보다 빠른 나무 동물은 없다. 긴팔원숭이의 날렵한 움직임에 대항할 나의 초라한 몸뚱이를 내려다보았다. 이토록 무능하고 꼴사나울 수가! 게다가 할리문 국립 공원은 해발 1000미터 이상의 저산 지대이다. 울퉁불퉁 주름 잡힌 모양의 산새는 이 나무 곡예사와 대적하기에 최악의 지형이다. 우리에게 계곡은 그들에게 평지나 다름없다. 나무만 충분히 있으면 알맞은 가지를 골라 일직선으로 이동할 수 있지만, 땅의 굴곡을 착실하게 따라가야 하는 사람의 뜀박질은 턱없이 느리다. 이뿐이 아니다. 끝없는 비는 어렵사리 닦은 길을 미끄러운 진흙탕으로 만들어 놓는다. 긴팔원숭이의 탈출 경로가 우리의 길과 얼추 비슷한 방향일 때는 운이 좋은 편이다. 한 눈으로 초단위로 멀어지는 긴팔원숭이의 움직임을 놓치지 않으려고 애쓰면서, 다른 한 눈으로는 가시와 덩굴 식물로 산적한

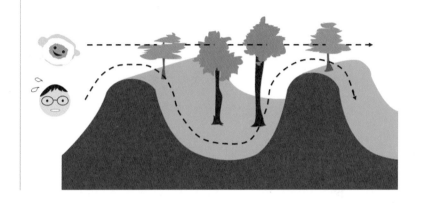

MAN vs. GIBBON

장애물을 뚫고 나가야 하는 이 어려운 추격은, 그나마 길이 있을 때 가능하다. 녀석이 갑자기 방향을 틀기라도 하면 일일이 길을 내면서 가야한다. 물론 이런 일은 아주, 아주 자주 일어난다.

요이 땅! 추격이 시작된다. 긴팔원숭이가 풀썩 큰 소리를 내며 제법떨어진 나무로 뛰어내린다. 그냥 위치 이동이 아니라 도망을 간다는 신호이다. 나와 대원 세 명은 번개같이 튀어 오른다. 도주하는 방향을 기준으로 가장 먼 위치의 대원이 관제탑 역할을 맡는다. 어차피 뒤처졌으니 눈으로 쫓는 거다. "직진이다 직진!", "삼거리 방향이다!", "붉은 꽃쪽으로 간다!" "K200 수평 따라 이동 중!" 다 같은 숲인 것 같아도 모든 길, 모든 것에 이름을 붙여 주었다. 그래야지만 촌각을 다투는 상황에서 빠른 의사소통이 가능하다. 버섯길, 나무길, 경주길, 땔감길, 최악의 길 등등. 각 이름의 유래는 직관적으로 짐작하는 대로이다. 즐겨 찾는 무화과나무 주위로 난 곳은 무화과길, 희한하게 의자 모양으로 생긴 바위를 지나는 곳은 의자길이라 부른다. 알파벳과 숫자의 조합은 우리가 숲 전체에 설정한 좌표를 기준으로 터놓은 길이다. 임의의 원점을 기준으로 x축은 알파벳으로, y축은 미터를 의미하는 숫자이다. 길 이름을 일일이 숙지하는 것은 물론, 항공 사진으로 보듯이 길 간의 상대적인 위치를 기억해서 순간적으로 판단해야 한다. 추적을 지휘할 때에는 대원들끼리 서로 겹치지 않게 포위하듯 전개하는 것이 중요하다. 이 작업을 하는 짧지 않은 시간 동안, 땀과 피와 진흙 범벅으로 귀가하지 않는 날은 없었다.

나는 수백 번도 넘게 아득히 멀어져만 가는 긴팔원숭이의 뒷모습을 허망하게 바라보았다. 한계에 다다른 폐활량과 다리 근육을 보살필 겨를도 없이 언덕에 기어올랐다가, 이미 다음 언덕으로 날아가는 그들의 모습이 아직도 선명하다. 그 뼈저린 패배감이란. 매일 정글 한가운데에서 벌어지는 인간과 긴팔원숭이의 경주는 설득의 몸부림이다. 가지 마 가지 마. 오지 마 오지 마. 도망가면 쫓아가고 또 도망가면 또 쫓아간다. 어떤 의미에서 이 숲 속의 경주는 짝사랑과 닮았다. 누군가의 마음을 얻기 위해 우리는 실제로 달리기를 하진 않으나, 하루하루의 미세한 발전을 위해 꾸준히 설득한다. 어제와 오늘의 차이는 작기에 희망이 꺾이기도 하고 힘을 잃기도 한다. 그러다가 예기치 않은 어느 날, 갑작스런 진도에 얼얼한 기쁨이 주어진다. 긴팔원숭이의 마음을 열기 위해, 나는 수많은 날을 인도네시아의 친구들과 함께 달렸다. 어느 생명이든,

비숲

그 생명의 마음에 이르는 길은 멀고도 험하다.

시간이 흘렀다. 추격의 성과가 유난히 나타나지 않는 그룹 하나가 나를 반년 넘게 괴롭히고 있었다. 나머지 그룹은 이제 웬만해서는 우리를 크게 두려워하지 않았다. 그러나 우리가 목표로 한 그룹 A, B, D 중 유독 B그룹만 지칠 줄 모르는 도주 본능을 여전히 발산하고 있었다(C그룹은 지형이 너무 어려워서 중도 포기). 나는 망연자실했다. 대체 언제까지 이러고 있어야 되는 걸까? 연구를 시작한 지 8개월째가 된 어느 날, 나는 무거운 가슴을 안고 미리 예정되었던 휴가를 떠났다. 연구지는 보조원들에게 잠시 맡겨 두기로 했다. 아직 실패라고 말할 시점은 아니었다. 하지만 만약 정말로 실패라면 과연 이를 인정할 그때가 언제인지, 결국 어느 순간 백기를 들기로 결정하는 일은 순전히 나에게 달려 있었다. 그때 아리스로부터 소식이 왔다. "아마 믿기 어려울 거다. B그룹 털보 알지? 녀석이 드디어 항복했다!" 난 믿지 않았다. 아니 믿었지만 내 눈으로 보기 전까지는 아무리 사실로 받아들이려 해도 되지가 않았다. 인도네시아로 돌아가 털보 수컷이 앉은 나무 아래에 서자 비로소 모든 게 들어왔다. "글쎄, 저 나무에 탁 주저앉더니 여태껏 들어 보지 못한 이상한 울음소리를 내는 거야? 마치 이제 더는 못하겠다는 것처럼 말이야!" 아리스의 말처럼 긴팔원숭이는 항복을 외쳤다. 나는? 만세, 만세, 만만세!

3장

관찰

어릴 적부터 나는 당돌한 인생철학이 하나 있었다. 미래에 대한 아무런 계획도 세우지 말자. 왜 먼 미래 때문에 소중한 현재를 낭비하나? 그냥 내가 무엇을 좋아하는지 살피고, 주변 시선일랑 싹 무시하고 하는 일을 즐기자. 학원에서 몇 년 앞을 예습하던 징글징글한 동년배들에 대한 반감의 표시였을까? 뭐가 됐든 나는 동물이 좋고, 좋은 게 당연하고, 좋아하는 일을 하는 것도 당연하다는 생각이었다. 적성 검사의 장래 희망을 묻는 칸에는 늘 동물학자라, 서명하듯이 적어 내곤 했었다. 그리고는 마음 내키는 대로 살았다.

그러던 내가 정신 차려 보니 밀림 속에서 야생 동물을 두 눈으로 직접 바라보고 있었다. 말 그대로 나와 우리 팀이 흘린 피와 땀으로 일궈낸 쾌거였다. 긴팔원숭이는 이제 더 이상 도망가지 않았다. 우리에게 익숙해진 것이다. 그들이 앉아 있는 나무 바로 아래에서 위를 쳐다보고 잡담을 즐겨도 녀석들은 그저 예사로 여기며 태연히 먹고, 자고, 놀았다. 개중에는 여전히 다소 낯을 가리는 개체도 있었다. 하지만 적어도 걸음아 나 살려라는 식의 줄달음질은 이제 일어나지 않았다. 총 세 개의 그룹이 우리의 존재에 길들여져 드디어 하루 종일 따라다니는 것이 가능해진 것이었다. 어른과 아이를 포함해서 그룹당 약 서너 마리의 긴팔원숭이가 있었는데, 이들을 대상으로 한 세부적인 연구 계획이 이내 세워졌다.

미래에 대한 무계획을 신조로 한평생 동물을 화두로 살아온 나에게도 진짜 야생 동물을 매일 본다는 사실은 이색적인 일이었다. 동시에 견딜 수 없이 낭만적이었다. 오지 탐험가를 선조로 둔 서양 사람들과

비숲

는 달리, 내가 속한 계보에는 이런 전례가 눈에 띄지 않았다. 어쩌다가 방송 촬영팀이나 전문 여행가가 남 잘 안 가는 데를 잠시 골라 다녀와서는, 새내기에게 뽐내는 선배마냥 무용담을 늘어놓는 경우가 대부분이다. 한편 동물의 가장 은밀한 사생활까지 고해상도로 보여 주는 동영상을 접하기는 너무나 쉬운 일이 되어 버렸다. 지구 끝까지 침투한 해외 제작진의 눈을 통해 누구나 안방에서 손쉬운 여행을 즐긴다. 우리 중엔 가 본 사람도, 겪어 본 이도 없지만, 아무나 다 아는 얘기인 것이다. 하지만 똑같은 운동 경기라 해도 우리나라 선수가 순위권에 들 때 유난히 열광하는 것처럼, '우리 중 누군가'가 할 때는 뭔가가 다르다. 때로는 우리라는 이 인위적인 집합이 우리의 눈을 가리고 한계를 씌우기도 하지만, 반대로 한 명 때문에 전체가 변하기도 한다. 밀림에 사는 동물을 연구하는 삶이 여태껏 우리 중에 없었다면, 나로 말미암아 이제 생기면 되는 것이었다.

우여곡절 끝에 본격적인 연구가 시작되었지만 매일매일이 만만치 않았다. 우선 긴팔원숭이들은 절대로 가만히 있는 법이 없었다. 어찌나 다니길 좋아하는지 쉴 틈이 없었다. 이 나무에서 한 입 베어 먹고선 곧 저 나무로 옮겨 가고, 별 뚜렷한 이유도 없이 영역을 횡단하기도 했다. 가장 괴로운 건 밥 먹다 말고 쫓아가야 할 때였다. 녀석들이 잠시 쉬어 가는 분위기인지 잘 살펴 상당히 확신한 다음에만 도시락 뚜껑을 열지만, 그래도 느닷없이 어디론가 출발하는 바람에 입에 밥을 잔뜩 물고서 달려야 할 때가 있다. 또 숲에서 나를 반기는 이는 나에겐 별로 반갑지 않았다. 벌레들의 끊임없는 윙윙 소리는 귓전에 맴돌았고, 모기와

덩달아 피를 빨아 먹는 쇠파리, 눈에 들어가려고 애쓰는 날파리도 우리를 괴롭혔다. 그래도 송충이에 비하면 양반이었다. 송충이 털에 피부가 한 번 잘못 닿으면 엄청난 가려움에 거의 경기가 들 정도였다. 더위와 습기는 언급할 필요도 없으리라. 하지만 아무리 힘들어도 난 좋았다. 내가 태어나서 해 봤던 가장 힘든 일이었지만 그토록 오래 꿈꾸던 곳에 이렇게 버젓이 와 있는 것이 아닌가. 그러면 된 거였다.

꿈의 행선지, 그것은 원래 살던 생활을 그대로 옮겨다 놓을 수 없는 곳이라야 한다. 집에서 이것저것 끌고 왔다가는 그곳의 아름다움을 해치고 가치를 모독하는 격이 되는 곳이다. 여기에는 몰개성의 도회지에서나 어울릴 법한 옷가지나 머리색이 경관을 망치는 오염 물질이 되고,

전화와 인터넷의 끈이 싹둑 잘린 시원한 자유가 있다. 어릴 때 책에서 봤던 그대로의 모습이 눈앞에 있다. 이곳이 실제로 그랬다. 마을이 끝나는 곳에서 정말로 숲이 시작되고, 숲 안에는 정말로 동물이 산다. 어디부터가 신비로운 밀림인지 말 그대로 선을 그을 수 있을 정도이다. 바탕 화면의 네모 감옥에 갇힌 이미지가 얼마나 가짜인지 폭로하듯 알려 주는 그런 실체가 현현한다. 또 꿈의 행선지는 그 꿈이 실현되었을 때 실망을 안겨 주지 않는다. 오히려 벌어지고 있는 순간에도 여전히 꿈만 같다. 꿈이면서, 꿈만 같고, 또 생시인 곳이다.

지금까지는 긴팔원숭이가 연구에 협조하도록 훈련하는 과정이었다면, 이제부터는 실제 자료를 수집하는 본 게임에 들어가는 단계였다.

비숲

여기서 자료를 수집한다는 것은 간단히 말하면 긴팔원숭이의 행동을 관찰하고 적는다는 뜻이다. 하지만 보이는 대로 다 모으는 것이 아니다. 과학 연구는 미리 정한 틀에 따라 대상을 최대한 객관적이고 체계적으로 기록함으로써 이루어진다. 가령 밥 먹기, 밥 찾기, 움직이기, 쉬기, 털 고르기, 다른 개체와 싸우기 등의 항목을 정해 놓고 일정 시간 간격으로 이들이 이 중에서 무슨 행동을 하는지 체크하는 것이다. 물론 예외적으로 벌어지는 특이 사건은 닥치는 대로 기록한다. 짝짓기나 포식자의 습격과 같은 '비상사태'는 사건 내용을 가능한 상세히 기록한다. 뭘 하는지 안 보일 때도 있다. 모르면 모른다고, 정직하게 적는다.

그런데 애초에 왜 굳이 영장류를 연구하는가? 세상에 존재하는 수많은 동물들 중에 유독 이 작은 무리에 집중할 만한 이유가 대체 무엇인가? 사실 특정 종의 삶을 콕 집어서 들여다본다는 것 자체가 일반적인 시각으로 봤을 때 이미 요상한 일이다. 영장류의 경우는 물론 인간이 그 그룹에 속해 있다는 것이 우리가 관심을 갖는 가장 큰 이유이다. 말하자면 인간 중심의 시각으로 봤을 때 이보다 더 흥미롭고 의미 있는 동물은 없다. 인간이라는 생물이 속한 전체적인 '맥락'을 보여 주기 때문이다. 우리는 하늘에서 뚝 떨어진 것이 아니라, 여러 친척을 둔 '대가족'의 일원이다. 그래서 그 집안의 특성과 분위기를 두루 살펴봄으로써 우리가 과연 어떤 점이 특이하고 어떤 점이 평범한지 알 수 있는 것이다.

이런 얘기는 예를 들면 쉬워진다. 언제인가 방송에 출연한 한 여대생이 키가 작은 남자를 '루저'라 부른 것이 사회적 이슈가 된 적이 있다. 이 학생은 이 일로 말미암아 집중포화를 받았지만, 여자들이 키가 큰 남자를 선호한다는 것은 주지의 사실이다. 그런데 동물의 세계에서 수컷의 덩치가 암컷보다 꼭 크지 않다는 것은 잘 알려진 사실이 아니다. 대체적으로 수컷 한 마리가 여러 마리의 암컷을 거느리는 종인 경우 수컷의 몸집이 암컷보다 크다. 생물학 용어로 '희귀 자원'인 암컷을 최대한 많이 확보하려면 다른 수컷과의 경쟁에서 이겨야 하고, 센 힘은 보통 큰 덩치에서 나온다. 암수가 한 마리씩만 짝지어 사는 일부일처제에서는 이런 일이 잘 일어나지 않는다. 즉, 몸집의 크기는 번식 체계와 관련이 있다는 것이다. 그 좋은 예가 바로 내가 연구하는 긴팔원숭이이다. 예외는 있지만 대부분 일부일처제로 사는 이들은 암수의 몸집이 비슷하다. 같은 유인원이라도 긴팔원숭이와 우리 사이에는 이런 큰 차이점이 있는 것이다. 사실 인간은 엄격히 일부일처제를 따르는 동물이 아니다. 오히려 약한 일부다처제에 가깝다고 할 수 있다. 침팬지, 고릴라, 오랑우탄은 이런 점에서 우리와 유사하다. 작은 키를 패배자로 단정한 것은 옳지 않지만, 자신보다 큰 남성을 선호하는 여성의 취향은 따지고 보면 영장류학적 '전통'에 따른 것이다. 다만 그녀도 누군가의 두세 번째 부인이 되는 걸 원하진 않겠지만 말이다.

긴팔원숭이를 보며 문득 그 여대생의 얘기가 생각났다. 암수의 몸 크기라도 좀 확연하게 다르면 구별하기 쉬울 텐데, 혀를 차고 있던 참이다. 온종일 밀림에서 보내다 보면 이런저런 잡생각을 찬찬히 곱씹게 된다. 특히 이 녀석들이 아무것도 하지 않을 때가 나에겐 명상의 시간이다. 매 15분마다 행동을 기록하는 노트에 휴식, 휴식, 휴식이 적힌다. 정말 어떤 때는 팔자 좋게 이리저리 뒹구는 모습이 부럽기 짝이 없다. 그것도 저렇게 경치 좋은 높은 곳에서! 가끔은 우리랑 흡사하게 다리를 꼬고 앉아서는 안쓰럽다는 표정으로 아래를 내려다보기도 한다. 이럴 때는 조금 미운 마음이 드는 것이 나의 솔직한 심정이다. 어쭈? 저 쳐다보는 자세 좀 봐라? 그런데 오늘은 예기치 않게 긴팔원숭이 부부의 사생활 한편을 본 것이 아까 떠오른 생각의 단초를 제공하였다.

내가 연구하는 세 그룹 각각의 영역은 서로 멀리 떨어져 있지 않고 인접해 있다. 그래서 서로 겹치는 지역이 하나 있다. 강을 끼고 있는 A 그룹, 논 쪽을 등지고 있는 B그룹, 그리고 가파른 산등성이를 차지하고 있는 D그룹 모두의 영역 경계가 맞닿은 곳이다. 대부분 이 세 그룹 중 둘 간에 싸움이 벌어지지만, 가끔은 세 쌍 모두가 뛰어드는 삼파전도 벌어진다. 이 날은 A그룹과 D그룹 간의 힘겨루기. 여느 때처럼 수컷들이 앞장서서 쫓고 쫓기는 추격전을 벌이고, 암컷들은 뒤에서 소리를 지르는 싸움이 벌어지고 있었다. 이것이 긴팔원숭이가 싸우는 방식이다. 수컷은 보기에 어지러운 수준의 곡예를 부리며 나무 사이로 서로를 위협할 때 암컷은 싸울 때에만 내는 특유의 외침으로 음성적 엄호 사격을 한다. 남자들이 벌이는 경기를 관전하며 소리로 응원하는 우리네 치어리더와 크게 다르지 않다. 그런데 오늘따라 A그룹의 수컷이 싸움에 별 흥미가 없어 보인다. 거의 예의상 한두 번 쫓아가는 무성의한 시늉을 보이더니, 글쎄 뒤에 있는 과일나무에 가서 밥을 먹고 있는 게 아닌가? 우리에게 아직 훈련이 덜 되었을 때에도 다툼이 벌어지면 정신이 팔려 도망도 안 가던 긴팔원숭이로서는 상당히 이례적인 일이었다. 암컷은 여전히 큰 소리를 지르며 자신의 의무를 다하고 있었다. 하지만

참는 데도 한계가 있는 모양이다. 남자구실 못하는 영감을 더 이상 못 참겠는지, 암컷은 고함을 멈추더니 냅다 수컷에게 달려와 머리를 거칠게 후려쳤다! 기세로 봐서는 몇 대 더 때릴 것 같았지만 수컷이 얼른 몸을 피하는 바람에 더 이상의 피해는 일어나지 않았다. 태연히 입에 무화과를 쑤셔 넣다가 얻어맞은 수컷은 여간 스타일을 구긴 게 아니었다. 그래도 맞는 게 처음은 아닌지 대항하려는 의지는 전혀 내비치지 않았다. 음, 저 종에서 남자의 위상은 저런 건가. 오늘 내 생각의 사슬은 여기서 출발했었던 모양이다.

긴 하루를 녹색 세상에 폭 빠져 지내다가 집으로 돌아올 때면 늘 기다려지는 광경이 하나 있다. 밀림이 끝나고 인간 세상이 시작되는 경계

에 다다르면 바로 그제야 탁 트인 시원한 공간이 펼쳐진다. 잠시 숲 속에 머무는 사람은 이 느낌을 알지 못한다. 적어도 몇 개월, 아니 몇 년 동안 우거진 수풀을 직장으로 삼아 출퇴근하다 보면 무성한 자연이 편안해지는 만큼, 시야가 바로 앞에서 끝나지 않고 저 멀리까지 미치는 말 그대로 공(空)간을 갈구하게 된다. 아무도 알아주지 않는 고생으로 지친 몸을 터벅터벅 끌고 나와 맞이하는 이 대지의 환희는 사막에서 만난 오아시스처럼 감격스럽다. 아이들이 뛰놀고 여인들의 웃음소리가 들려온다. 뒷동산의 동그란 봉우리에 걸린 저녁노을이 부드럽게 녹아 흐르고 있다. 오늘 하루 수고했다. 열심히 일한 팀원들에게 인사를 건넨다. 그리고 나도 수고했다. 혼잣말로, 한국말로, 속삭인다.

비숲

54

4장

식사

야생이 숨을 고르는 열대의 어느 밤, 나는 불현듯 눈을 떴다. 아직 방 안이 새카맸다. 어둠을 더듬어 시계를 찾는다. 하루 일과가 시작되는 새벽 5시보다도 한참 이른 시각이다. 무엇이 나를 깨웠을까? 집 안은 죽은 듯이 조용하다. 이유를 알 수 없는 불안한 마음이 엄습한다. 그때 소름 돋는 울음소리 하나가 밤의 정적을 꿰뚫는다. 가까운 곳에, 뭔가가 있다. 살며시 커튼을 젖혀 보았다. 순간 철렁 소리가 들릴 만큼 가슴이 내려앉았다. 창문 바로 앞 난간 위에 커다란 부엉이 한 마리가 앉아 나를 정면으로 쳐다보고 있었다. 부스스한 내 얼굴을 째려보려고 얼마 동안 여기서 기다리고 있었을까. 긴히 할 말이라도 있는 듯 나를 지긋이 쏘아보는 눈매가 심상치 않다. 움직이지도 날개를 퍼덕이지도 않는다. 왠지 움츠러든 나는 조용히 커튼을 닫고 침대로 돌아갔다.

어제 저녁 의도치 않게 죽인 귀뚜라미 한 마리 때문에 나도 모르게 마음이 무거웠던 모양이다. 방 안에서 너무 시끄럽게 울어 대는 바람에 잠에 들 수가 없었다. 그냥 잡아서 밖에다 던져 주고 싶었지만 몸집이 너무 작고 나도 잠결에 덤벙대다 보니 그만 손으로 눌러 버린 사고였다. 이제 방은 조용했지만, 내 마음은 평화롭지 못했다. 열심히 제 할 일을 하던 귀여운 녀석일 뿐이었는데. 생각보다 죄책감이 큰 것이 이상했다. 열대 우림 한가운데에 살면 툭하면 동물들이 집 안으로 들어오고, 어쩔 수 없이 쫓아내거나 퇴치해야 하는 일이 다반사이기 때문이다. 야생의 세상에 인간이 불쑥 들어와 벽을 세운 것이기에 여기의 토착민에게 이 인위적인 경계는 당연히 무의미하다. 화장실에 손바닥만 한 나방이 날아들고, 지붕 틈새론 박쥐가 드나든다. 밤사이에 멧돼지가 화단을

식사

57

망가뜨리거나, 살쾡이가 닭을 훔쳐 가기도 한다. 부엌 한구석에서 뱀이 무려 두 마리가 동시에 발견된 적도 있다. 자연의 품에 안겨 살면서 인간만의 프라이버시를 바라는 건 확실히 무리이다. 밀림의 다른 생물들처럼 이 공간을 공유하는 법에 익숙해져야 한다. 원치 않은 이웃까지도 말이다.

향긋한 볶음요리의 냄새에 나는 설친 잠을 포기하고 하루를 시작한다. 나보다 언제나 먼저 일어나는 관리 아줌마가 우리의 밥을 만들고 있다. 사나이 넷이 아침으로도 먹고 점심 도시락으로 싸 갈 만한 양을 한 번에 준비하느라 부산스럽다. 인도네시아는 우리와 마찬가지로 쌀을 주식으로 하고 여기에 몇 가지 반찬을 곁들이는 식단이라 좋다. 열대 지역의 특성상 기름에 볶거나 튀기는 음식이 대부분이긴 하지만 워낙 맛있어서 나는 그저 먹기에 바쁘다. 다행히도 나는 느끼함이란 느낌 자체를 전혀 알지 못한다. 오늘도 내가 좋아하는 두부와 멸치, 메주 비슷한 뗌뻬(tempe), 그리고 언제나 빠지지 않는 여기 고추장인 쌈발(sambal) 소스가 메뉴이다. 조금 후에는 숲의 이슬과 땀에 흥건히 젖겠지만, 집이라고 하는 작은 문명의 공간에서 모락모락 김이 나는 밥 챙기는 이 시간이 나는 참으로 행복하다. 사각형 플라스틱 그릇을 빼곡히 채우고, 여기에 후식으로 입에서 굴려 먹을 사탕 두어 개를 얹으면 마음이 든든하다. 숲에서 먹을 때쯤이면 다 식은 상태겠지. 하지만 누가 뭐라 해도 소중한, 너무나도 소중한 나의 양식이다.

사람들이 열대 우림에 대해 흔히 갖고 있는 그릇된 상식은 그곳에 먹을 것이 넘쳐흐른다는 생각이다. 사방에 과일이 주렁주렁 열려 있어

팔을 뻗어 아무거나 따 먹으면 되는, 그야말로 낙원 같은 곳으로 여기
곤 한다. 특히 과일을 주식으로 하는 긴팔원숭이라면 먹고 살기 정말
편하지 않을까? 하지만 실상은 이와 다르다. 밀림은 다른 서식지에 비
해 단위 면적당 생물량(biomass)이 가장 높은 곳이지만 그렇다고 해서
누구에게나 먹이가 그냥 주어지는 것은 아니다. 그만큼 많은 동물이
살기에 그만큼 경쟁도 치열하고, 먹이의 총량은 많을지 몰라도 어느 한
종이 먹을 수 있는 먹이는 그 중 얼마 되지 않기 때문이다. 우리 인간이
좋은 예이다. 도시락을 아쉽게 다 비운 상태에서 숲을 둘러보면 내가
먹을 수 있는 것은 거의 아무것도 없다. 숲의 자원을 활용할 줄 아는 원
주민들의 지혜도 내겐 없을뿐더러, 야생 그대로의 상태에선 사람의 소

식사

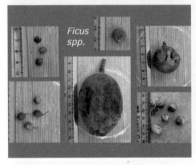

화 기관으로 처리할 수 있는 유기물이 별로 없다. 먹이는 그래서 상대적인 개념이다. 같은 것이라도 내가 먹을 수 있으면 음식이고, 먹을 수 없으면 음식이 아니다. 마냥 풍부해 보이기만 하는 밀림에서 동물 저마다 먹이 찾기 전략을 갖고 사는 것도 이런 이유에서이다.

긴팔원숭이의 여러 가지 특성 중에서 이 먹이 찾는 행동이 나의 연구 주제이다. 곧 죽어도 밥 생각만 하는 사람이라 그런 주제를 택한 것은 아니다. 자신이 차지한 영역이라는 제한된 공간 내에서 식량을 전부 해결해야 하는 긴팔원숭이가 과연 어떤 방식으로 숲의 자원을 이용할까? 나는 이들의 야생 살림살이가 궁금했다. 녀석들은 잘 익은 과일과 어린 이파리로 배를 채워야 하는데 이런 자원이야말로 정글에선 귀한 축에 속한다. 잘 찾으면 나오지만 아무 데나 널려 있진 않은 것이다. 그런데 마구잡이로 계획 없이 찾아 나섰다간 체력만 낭비하기 십상이다. 어린 식솔까지 딸려 있는데 이 나무 천지에서 한 그루 한 그루씩 살살이 훑을 수는 없는 노릇이 아닌가? 그냥 풀을 뜯어 먹는 초식동물이라면 또 다르다. 과일이나 씨앗 등 식물의 번식 기관을 먹이로 삼는 동물일수록 좀 더 피곤한 운명을 타고난 셈이다. 식물은 때가 되었을 때에만 이런 것들을 만들어 내기 때문이다. 다소 까다로운 긴팔원숭이의 식성과 주거지를 자유로이 옮길 수 없는 이들의 생태적 특성을 감안하면, 먹이 수급을 위한 나름의 '경영 전략'이 있지 않을까 하는 의문에서 시작된 것이 나의 연구이다.

언젠가 사석에서 나의 이런 연구 주제를 설명한 일이 있었다. 뜬금없이 받은 질문은 대체 이런 연구를 왜 하는지에 관한 것이었다. 긴팔원숭이가 밀림에서 뭘 먹건 우리와 무슨 상관인가? 그러게요? 무슨 상관이 있을까요. 사실 그런 반응이 나오는 것도 무리는 아니다. 하루하루 살아가기 바쁜 우리에게, 눈앞에 있지도 않고 이 나라에 속하지도 않은 무슨 원숭이의 밥 먹는 얘기는 더할 나위 없이 우리와 무관하다. 내 당장의 일상은 도시의 건물 속에, 내 책상과 모니터에서 벌어진다. 그런 직접적인 의미에서라면 물론 긴팔원숭이와 우리 사이에 상관관계 따위는 없다.

하지만 어린이 책을 들춰 보라. 숲 속의 호랑이가 어흥 포효한다. 예쁜 색깔의 음료수를 골라 보라. 열대의 태양 아래 영근 과일이 상큼하

식사

63

다. 영화관에 가서 앉아 보라. 울창한 정글에 사는 종족이 등장한다. 카페에서 커피를 살펴보라. 열대산 원두의 포장지에 앵무새가 날개를 편다. 가구점에서 원목을 두들겨 보라. 보르네오 한가운데에 섰던 나무일지 모른다. 그냥 리모컨을 눌러 보라. 악어와 아나콘다가 아마존에서 씨름판을 벌인다. 그리고 숨을 깊이 들이켜 보라. 지구의 허파에서

비숲

내뿜은 산소의 맛을 보라.

한 가지 대답으로서 긴팔원숭이의 행동 생태를 연구하면 인간을 이해하는 데 도움이 된다는 과학적 근거를 제시할 수 있다. 또는 이들이 사는 인도네시아 숲의 천연자원을 우리 경제가 얼마나 수입하는지 보여 주는 것도 가능하다. 하지만 구차한 설명을 늘어놓고 싶진 않다. 자연이 우리에게 이러이러한 혜택도 주지 않느냐, 그러니 가치가 있지 않냐. 이런 식으로 변명하는 순간 자연을 제대로 존중하는 것은 불가능해진다. 존재는 기능주의적 근거로 자신을 증명해야 할 의무가 없다. 재즈가 뭐냐고 묻는 질문에 루이 암스트롱이 대답했듯이 "굳이 물어봐야 한다면 당신은 어차피 알 수 없다." 한국인이라면 남대문과 본인과의 관계를 따진 다음에 화재 소식에 분노하지 않는다. 지구인인 나에게 지구의 자연은 나의 첫 번째 관심사이다. 나와 세상의 상관 여부는 나에게 달려 있다. 그것은 나의 취향이나 이해타산에 따른 것일 수도 있다. 그러나 더 근본적인 것일 수도 있다. 이해관계나 합리성을 훌쩍 넘어서면 세상의 이야기도 마치 나의 것인 양 소중하고 중요할 수가 있다.

어느덧 고개를 들어 보니 해는 중천에 떠 있었다. 배는 이미 두 시간 전부터 밥시간임을 주장하고 있다. 유난히 허기가 진 이유 중 하나는 A 그룹의 아리따운 처녀인 아스리(Asri)가 너무나도 맛있게 식사하는 모습 때문이었다. 오늘은 현지어로 하미룽(*Callicarpa pentandra*)이라는 나무에 만발한 꽃 무덤에 얼굴을 파묻고 있었다. 긴팔원숭이는 과일의 당분을 주 에너지원으로 섭취하면서 여기에 꽃과 연한 이파리를 추가해서 필수 아미노산과 같은 단백질을 얻는다. 특히 꽃은 잎에 발견되는

비숲

큐틴이나 펙틴과 같은 보호 물질이 없어서 먹기에 안성맞춤이다. 그래서 열대 우림의 영장류는 과일에 든 씨앗을 멀리 뿌려 주는 역할을 함과 동시에 꽃가루를 운반하는 수분 매개자로도 기능한다. 예쁜 꽃잎을 감상하기는커녕 먹어 해치우는 이들을 보면서, 꽃에 대한 우리의 사랑도 조금은 식욕과 관련되어 있지 않을까 상상해 본다.

아직도 식사 시간이 허락되지 않고 있다. 지치지도 않고 나무를 옮겨 다니는 녀석들이 오늘 유난히 원망스럽다. 제발 우리도 밥 좀 먹고 하자. 이럴 때면 정글 식의 '풀밭 위의 식사'가 간절하다. 긴팔원숭이가 쉬기로 정한 곳 어디든 우리의 식당이 되지만 우리도 이왕이면 선호하는 분위기가 있다. 마네의 그림을 머릿속에 떠올렸다면 일단 나체의 여인과 신사들을 제거하고 땀범벅이 된 나와 싱글벙글거리는 청년들을 삽입한다. 다음, 싱그럽게 흐르는 냇물을 배경에 그려 놓고, 물가라면 어김없는 파리 떼의 웽웽거림을 상상한다. 피크닉 천 위 과일과 빵 대신, 식판 대용 바나나 잎에 올린 플라스틱 도시락과 냇가에서 뜯은 쌈용 이파리를 그리면 된다. 점심시간이 제때에 이런 곳에서 주어지면 그야말로 금상첨화이다. 보통 때는 긴팔원숭이가 허락하지 않는 이상 곯은 배를 쥐고 묵묵히 걸어야 한다. 물론 보통은 짬이 난다. 이들도 쉬길 좋아하고 또 배부른 다음엔 어느 동물이라도 늘어지는 법이다. 그래서 우리는 그들이 배를 채운 직후를 노린다. 햇빛이 잘 드는 전망 좋은 나뭇가지에 몸을 뉘이거나 심심풀이 털 고르기가 시작되면 우리는 도시락 뚜껑을 연다. 시선은 나무 위에 고정시켜 두고서 말이다.

그런데 꽃을 잡수시던 아스리가 갑자기 나무에서 내려오기 시작했

다. 어디까지 오려고 저러나 하고 있는데, 어? 아예 땅으로 내려오고 있
잖아! 지면을 한 발 정도 남겨 놓고는 여전히 나무를 잡은 채 아스리
는 뭔가를 획 낚아챘다. 메뚜기였다. 그것도 상당히 거대한 놈이다. 아
스리는 조금도 주저함이 없이 이 메뚜기의 다리부터 하나씩 뜯어 먹기
시작했다. 그 다음에는 머리를 와지끈! 젊은 처녀에게 썩 어울리는 광
경은 아니었지만, 바삭바삭한 질감을 즐기는 광경을 보고 있자니 고것
참 고소해 보일 지경이었다. 벌레 반찬을 끝낸 그녀는 획 나무 위 제자
리로 돌아가더니 아직 끝나지 않은 식사를 이어 나갔다. 긴팔원숭이는
곤충을 일부러 노리고 사냥하지는 않지만 기회가 생기면 잘 먹는다. 고
단백일 뿐 아니라 무기질도 공급하는 별미 먹이이다.

　녀석들의 동작이 잦아들었다. 당분간 이 나무에 머물겠다는 확신에

식사

69

나도 냉큼 도시락 통을 꺼냈다. 우르릉 쾅쾅, 비가 내리기 시작했다. 마침 잘됐다. 비가 오면 보통 가만히 있으니 점심 먹기에 그만인 타이밍이다. 녀석들의 만찬을 더 이상 쳐다보고만 있을 수가 없었다. 빗물이 조금 걸러지는 나무 밑으로 피신하고, 부리나케 비옷을 꺼내 뒤집어쓰고, 큰 잎사귀 하나를 잘라 방석을 마련했다. 밥에 빗물이 좀 섞이겠지만 국물로 치면 된다. 신나게 뚜껑을 여는 순간 아차. 숟가락을 깜빡 잊고 왔다는 사실을 깨달았다. 아무리 문명으로부터 먼 정글 생활에 익숙한 나라지만, 처참하게 더러운 이 손으로 음식물을 만질 수는 없었다. 가방을 아무리 뒤져 봐도 숟가락 대용으로 쓸 만한 물건이 없었다. 이런 젠장, 거의 포기 상태에 다다를 쯤 바지의 건빵 주머니에 있는 나침반이 손에 만져졌다. 동서남북을 가리키는 바늘이 있는 쪽 말고, 지도 위에 대고 좌표를 그을 수 있게끔 눈금과 돋보기가 달린 반대쪽 부분이 있다. 비록 너무 넓고 각이 져서 불편하지만 이 정도면 충분했다. 기름진 인도네시아 요리에 번들거리는 나침반을 때때로 비에 헹궈 가며 나는 기분 좋은 점심을 즐겼다. 나침반을 입 안 깊숙이 넣어 본 경험, 아마 흔하지는 않을 거다.

고된 하루를 마치고 돌아와 나는 잠자리에 들었다. 나의 삶을 긴팔원숭이의 삶에 맞춰 살다 보면 정말 그들처럼 살게 된다. 그들이 자는 시간에 나도 자야, 그들과 함께 일어날 수 있다. 아마 녀석들도 지금쯤 아늑한 가지를 하나 골라 꿈나라에 빠져들고 있겠지. 나도 그러려는 찰나에 툭툭 뭔가 부딪히는 소리가 방에서 난다. 오늘 밤엔 또 어떤 동물이 날 괴롭힐 건가! 불을 켜고 이 작은 소음의 진원지를 살펴보았다. 여

태껏 한 번도 본 적이 없는 요상한 괴물이 날 가만히 바라보았다. 대체
이건 뭐지? 눈을 비비고 자세히 보니, 머리에 먼지를 잔뜩 뒤집어 쓴 개
구리였다. 어떻게 내 방까지 들어왔는지 모르겠지만, 나가려고 구석구
석을 돌아다니다 온 방의 쓰레기로 치장을 하게 된 것이었다. 귀뚜라미
에게 저지른 실수를 떠올리며 나는 개구리를 안전하게 잡아 밖에 놓아
주었다. 이제 정말 마음 놓고 잠들 수 있었다. 조용함이 나를 부드럽게

식사

감쌌다. 이 정글에서 함께 지내는 수많은 이웃의 쌕쌕 잠드는 소리가
귓가에 들리는 듯했다. 쿨.

5장

사랑

현관 앞마당에 노란 햇살이 곱게 깔려 있었다. 연못 위로 드리워진 가지에는 야무지게 생긴 물총새가 앉아 고개를 까딱거렸다. 서늘한 오전 바람에 바나나나무는 사뿐히 흔들렸고, 새로운 하루에 신난 벌레들은 다양한 곡선을 그리며 창공을 탐방했다. 오늘은 기다리고 기다리던 주말이다. 고된 육체노동으로부터 잠시 해방되는 꿀 같은 휴일, 나의 보금자리인 밀림 옆 이 작은 오두막에는 모처럼의 여유로움이 감돌았다.

다리를 쭉 뻗고 한껏 늘어지게 기지개를 켠다. 주중의 피로 때문에 며칠간 펴 보지 못했던 토마스 만의 『마의 산』을 연다. 안개의 산을 뜻하는 할리문 국립 공원에서 읽기에 그야말로 안성맞춤인 책이다. 비록 이 소설은 스위스의 고급 요양원을 배경으로 하고 있지만, 어쨌든 같은 산이고 비슷한 마력이 있다. 이야, 이게 얼마만의 휴식인가. 실은 지난 주말에도 쉬었으니 꼭 일주일이 된 것뿐이라 그리 오래간만은 아니다. 하지만 매일매일 긴팔원숭이의 꽁무니를 쫓아다니느라 밀림을 헤매다 보면 정기적으로 찾아오는 쉬는 날도 기다리느라 애가 탄다. 야생의 자연 속에 파묻히는 것을 싫어하는 것은 물론 아니다. 이 점에 대해서는 한 치도 오해가 없길 바란다. 나에게 밀림과 사무실 중 직장을 고르라면 주저 없이 전자를 택하리라. 다만 야생으로부터 떠나온 인류는 이제 아무리 좋아도 그곳이 집일 수가 없고, 그래서 평평한 바닥과 최소한의 청결을 제공하고, 달려드는 벌레와 더위로부터 나를 보호해 줄 문명의 품에서 재충전의 시간이 필요한 것이다.

한동안 기분 좋게 책에 파묻혀 있다가 인기척에 눈을 들었다. 나의

연구 보조원인 누이와 싸리가 연못가를 돌아 집으로 걸어오고 있었다. 쉬는 날에 무슨 일이지? 딱히 할 일이 없으면 가끔 놀러 오는 날도 있었지만 둘이서 같이 온 것이 심상치 않았다. 이 둘은 사촌지간이지만 성격이 워낙 달라 특별히 붙어 다니진 않았는데, 오늘은 저만치서부터 싱글벙글 둘 다 안색이 훤하다. 재미나는 소식의 낌새라도 알아차렸는지, 수석 연구 보조원인 아리스가 방 안에 있다가 모습을 드러냈다. "어이, 어쩐 일이야?" "아, 안녕하세요, 그냥 왔죠 뭐. 하하하." 괜스레 말을 흐리더니 이 지방 사투리인 순다어로 키득키득거린다. 같은 인도네시아 사람이지만 외지인이라 이 방언을 못 알아듣는 아리스와 나는 서로를 쳐다보며 영문을 몰라 한다. 하지만 오래 견디지 못하고 누이가 입을

연다. "그게요, 윗마을에서 좀 더 길 따라 가면 있는 마을 아시죠? 거기
에 글쎄 천사가 산답니다." 그리고는 지네끼리 한참을 웃어 댄다. 얘기
인즉슨, 천사와 같은 미모를 가진 아가씨가 거기에 산다는 소문이 있
는데 같이 보러 가지 않겠냐는 것이었다. 어차피 할 일도 없는 휴일 아
닌가? 그러면 그렇지, 여자 이야기가 아니고서는 저렇게 몸을 배배 꼬
아 가면서 수줍어 할 녀석들이 아니다. 여자 경험이 풍부한 아리스는
씩 웃으며 차분히 나의 결정을 기다린다. 아무래도 그 마을까지는 거리
가 좀 있어서 결국 연구용 차를 타고 가야 하기 때문이다. 긴팔원숭이
연구와 하등의 관계도 없는 일이지만, 난 흔쾌히 응했다. 저렇게 신이
난 아이들을 외면할 순 없지 않은가? 대체 얼마나 예쁘기에, 뭐 조금

궁금했던 것도 사실이다.

　그렇게 우리 넷은 터덜터덜 돌길 위로 자동차를 몰아 문제의 마을로 향했다. 아리스와 누이는 이 소문의 진원지와 신뢰성에 대해 이야기 꽃을 피우고 있었다. 가장 막내인 싸리는 천사라는 단어만 나오면 히죽히죽 웃으며 무슨 주문처럼 이 비다다리(bidadari, 인니어로 천사)라는 단어를 반복해서 외웠다. 이윽고 마을에 도착해서 차를 세운 다음 수소문에 들어갔다. 대충 어디에 산다는 것까지는 알아냈는데, 이 여인의 아버지가 성격이 굉장한 다혈질이라는 오보까지 접하고 말았다. 아이들은 약간 기가 죽었지만 그래도 여기까지 왔으니 여자의 얼굴은 봐야 했다. 천사라 하지 않았는가. 우리는 그냥 지나가는 사람들인 양 그녀의 집 앞으로 천천히 걸었다. 물론 표정 관리가 잘되는 사람은 우리 중에 아무도 없었다. 2층에 반쯤 열린 창문 하나에서 핑크색 커튼이 살짝 흔들리고 있었다. "바로 저기에요! 저기가 천사의 방이라고 제 친구가 그랬어요. 걔가 직접 봤대요!" 누이가 속삭였다. 조금 더 기다려 보자는 누군가의 제안에 모두가 숨을 죽이고 있을 때 어디선가 소리가 났다. 무섭기로 소문난 그녀의 아버지일까? 하지만 오래 기다릴 필요가 없었다. 내내 과묵하던 싸리가 마침내 입을 열었기 때문이다. "형님들, 저 무서워요!" 더 이상 겁나서 못 있겠다는 싸리를 진정시키기 위해 우리는 자리를 떠야 했다. 천사의 흔적도 보지 못한 채 말이다. 싸리가 무서웠던 것이 그녀의 아버지였는지 아니면 그녀의 아름다움이었는지, 우리는 끝내 알지 못했다.

동물들끼리 엎치락뒤치락 하는 밀림의 먹이 그물을 떠올리면 숲을 생존 경쟁의 공간으로만 생각하기가 쉽다. 하지만 동시에 숲은 뭇 생명의 사랑의 공간이기도 하다. 먹고 사는 것만큼, 아니 그보다 더 중요한 건 짝을 만나 사랑을 나누는 일이다. 번식을 끝으로 생을 마감하는 동물들도 있지 않은가? 그 사랑의 결실로 생긴 가족이나 집단 구성원들끼리 오순도순 잘 지내는 것도 무척이나 중요하다. 특히 영장류는 동물 중에서도 사회성이 발달된 종류로서 친지, 친구, 적수, 애인 등을 세세하게 따지는 복잡한 관계 속에서 살아간다. 정교한 사회 구조 없이 그저 큰 무리를 이루고 사는 동물과 바로 이런 점에서 다른 것이다. 우리 자신을 생각하면 단번에 이해가 된다. 사람이 넘치는 도시에 살면서도 우리는 고독하다. 단순히 군중에 둘러싸인 것만으로는 오히려 불행하다. 진정한 관계가, 고유한 인간관계가 필요하다. 영장류에게도 '영장류 관계'가 절실하다.

내가 연구하는 긴팔원숭이도 나름의 사회생활을 누린다. 아침 해가 밝아 오면 짝을 이룬 암수가 함께 목청껏 노래를 부르는 것으로 하루를 시작한다. 듀엣이라고 부르는 이 노래 행동은 다른 긴팔원숭이들에게 영역의 소유권을 알림과 동시에 부부애를 과시하는 역할을 한다. 무슨 이유에서인지 약 17종에 이르는 긴팔원숭이 중에서 이 듀엣이 안 나타나는 종은 내가 연구하는 자바긴팔원숭이와 수마트라 서쪽의 멘타와이(Mentawai) 제도에 사는 클로스긴팔원숭이(Kloss gibbon)뿐이다. 대신 이 두 종에서는 암컷이 집안의 대변인을 담당한다. 이른 아침 산꼭대기에 올라 전망이 좋은 자리를 잡고 기다리면 사방팔방에서 긴팔원숭이의 노랫소리가 돌림 노래처럼 울려 퍼지는 것을 들을 수 있다. 때로는 동시에, 때로는 이어받아서 외치는 이 소리의 향연은 햇빛도 뚫지 못하는 두터운 실록을 관통하여 모든 정글 주민들의 귓가에 도달한다. 직접 만나지도 않고 심지어는 수 킬로미터 떨어진 거리를 두고 하는 일종의 수다이자 원격 사회생활이다.

하루의 시작을 이웃사촌과 인사하며 시작한다면, 하루의 일과는 가족끼리 부대끼며 보낸다. 다른 영장류에 비해서 긴팔원숭이는 아주 작은 집단을 이루고 사는 편이다. 아프리카 초원에 사는 비비원숭이나 드릴, 또는 남미의 열대 우림에 사는 다람쥐원숭이 같은 종은 수십 마리에서 때로는 수백 마리에 달하는 무리를 이루고 산다. 그에 반해 긴팔원숭이는 엄마 아빠에 해당되는 암수 한 마리씩, 그리고 어린아이들 몇 마리뿐이다. 언뜻 보면 오늘날 우리의 가정과 무척이나 닮은 모습이

다. 다만 차이가 있다면 이 작은 집단의 개체들이 꼭 혈연으로 연결된 관계는 아닐 수 있다는 점이다. 가장 역할을 하던 수컷이 다른 외부 수컷에게 쫓겨나기도 하고, 누군가 죽고 나서 다른 긴팔원숭이가 들어올 때도 있다. 그런데 사실은 사람도 마찬가지 경우를 생각하기 어렵지 않다. 어쨌든 소수의 어른과 아이로 구성된 귀여운 핵가족 같은 집단이 긴팔원숭이의 사회 구조이다.

긴팔원숭이 가정의 행복의 열쇠는 단연 털 고르기이다. 하루에 아무리 적어도 두세 번은 일례행사처럼 털 고르기가 펼쳐진다. 미용사처럼 털을 살짝살짝 접어 가며 불순물을 제거하는 이 행동은 기생충을 제거해서 감염의 확률을 낮추고, 엔도르핀 분비를 촉진하여 심리적인 안정을 취하게 하는 효과마저 발휘한다. 또 털 고르기는 마치 화폐처럼

교환 가치를 갖는 행동이다. 내가 너에게 해 주면 머지않아 네가 내게 돌려줘야 하는 것이다. 꼭 똑같이 털을 골라 줘야만 하는 것은 아니다. 수컷이 털을 골라 준 대가로 암컷이 성관계로 보답하기도 한다. 내가 연구하는 자바긴팔원숭이에서는 그런데 짝짓기가 흔히 일어나지 않는다. 거의 매일 다소 민망한 장면을 볼 수 있는 시아망(수마트라와 태국에 서식하는 긴팔원숭이 종으로서 목 밑이 부풀어 오르는 울림통을 갖고 있음)과 같은 종과는 사뭇 다르다.

　때로는 재미나는 털 고르기 장면이 연출되기도 한다. 한 번은 A그룹을 쫓아다니다가 전원이 동참하는 모습을 본 적이 있다. 온 가족이 기차놀이를 하듯이 같은 방향을 보며 줄지어 앉아 앞에 앉은 이의 털을 골라 주고 있었다. 가장 불쌍한 건 맨 뒤의 수컷. 가정을 위해 열심히 봉사하는 가장은 줄 끝에 있다는 이유로 아무런 혜택을 받지 못했다. 맨 앞에 있던 A그룹의 젊은 아가씨인 아스리는 어린 동생인 암란이 털 고

르기를 시원찮게 하자 재미없다는 자세로 아예 벌렁 누워 버렸다. 하지만 며칠 후에 아스리는 더 특별한 서비스를 받게 되었다. 엄마와 아빠가 각각 양쪽에 앉아 해 주는 털 고르기를 럭셔리하게 즐기는 것이 아닌가! 이것도 정말 흔치 않은 광경이다. 애가 버릇 나빠지는 건 아닐까, 나는 오지랖도 넓게 혀를 끌끌 차며 이를 지켜보았다. 결국 아스리는 이 극진한 대접을 받고도 화답을 하지 않았다. 누구한테 보답을 해야 할지 몰라서일까?

그러던 어느덧 또 한 번의 주말이 코앞으로 다가왔다. 이번에는 모처럼 나의 연구 보조원들과 함께 집주인에게 인사나 할 겸 놀러 가기로 했다. 자야라 불리는 주인아저씨는 우리에게 집을 임대해 주고서 본인은 차 밭 노동자들의 집단 거주지로 조성된 촌락에서 가족과 함께 지내고 있었다(할리문 국립 공원은 공원 내에 큰 차 밭이 조성되어 있고 여기에 종사하는 노동자들이 마을을 이루며 살고 있음). 그런데 맥주 몇 병을 들고 찾아간 자야 아저씨의 집에서 우리는 생각지도 않은 발견을 했다. 아저씨는 자신의 막내 딸 야니를 인사시켜 주었다. 아저씨의 외모로 봤을 때 아무런 기대도 하지 않았던 우리 팀 아이들은 이 의외의 인물에 시선을 집중했다. 앳되고 예쁜 그녀를 힐끗힐끗 쳐다보며 오가는 대화 속에서 맥주는 금방 동이 났다. 기분이 좋아진 주인아저씨는 그러자 딸에게 술심부름을 시키려고 하였다. 이 기회를 놓칠 내가 아니었다. "아니 무슨 말씀이십니까, 맥주병이 얼마나 무거운데. 이 봐 아리스, 같이 가서 좀 거들고 오도록 해라." 아저씨의 동의를 기다릴 것도 없이 아리스는 후딱 일어섰다. 그리고는 현관문을 닫으면서 내게 엄지손가락을 살짝 치켜 올려 주었다. 무슨 말인지, 우리 둘 다 잘 알고 있었다.

영장류의 사생활을 엿보다 보면 어느덧 인간도 비슷한 방식으로 관찰하고 있는 내 자신을 발견한다. 우리의 사랑 이야기는 복잡다단하지만, 본질적으로 긴팔원숭이 또는 다른 영장류와 크게 다르지 않다. 가장 핵심적인 공통점은 그냥 먹고만 살 수 없다는 것이다. 우리 영장류는, 아니 생명은, 마음이 맞는 이들과 한데 어울려 살아야 비로소 사는 것이다. 만날 수 없음은 살 수 없음이다. 우거진 밀림에 울려 퍼지는 모든 노랫소리에는 이 열망과 설렘이 한 가득 담겨 있다. 어디에 있느냐 너는. 나는 여기에 있는데.

맥주를 사러 간 아리스와 야니는 몇 달 후에 결혼식을 올렸다. 그날 하필이면 동네 구멍가게가 닫아서, 자동차를 타고 옆 마을까지 가야 했다는 후문이다. 갑작스럽게 생긴 둘만의 오붓한 드라이빙 코스는 이 부부가 서로 가까워지는 데 결정적인 역할을 했다고 한다. 그럼 그렇

비숲

지. 나는 어느 주말 밤 이 날을 회상하며 혼잣말로 중얼거렸다. 검고 높은 밤하늘에는 은하수가 찬란하게 펼쳐져 있었다. 저기 어딘가에 나의 작은 별도 반짝이는 것만 같았다.

6장
—
일상

같은 곳을 다녀오고도 사람에 따라 그 소감은 완전히 다르다. 어떤 이는 타지가 우리와 얼마나 다른지를 크게 부각시키는가 하면, 어떤 이는 사람 사는 데 다 똑같다는 말만 되풀이한다. 과연 둘 중 정답은 무엇일까? 우선 후자는 확실히 틀린 말이다. 사는 모습이 다르고, 사는 환경이 다르기 때문에 우리는 굳이 여행이라는 걸 하는 것이다. 물론 어떤 의미에서 같다는 뜻인지 우리는 잘 안다. 하지만 절대로 똑같지는 않다. 그렇다고 세상이 전혀 다른 차이점만으로 만들어진 것도 아니다. 구별되는 특징이 있다는 건 비교의 기준이 되는 공통분모가 있다는 뜻이다. 어쩌면 단편적인 방문이나 즐기기 위한 여행을 하는 자에겐 세상이 그 진면목을 쉽게 드러내 주지 않는지도 모른다. 피상적인 접근으로부터 숨겨진 진정한 실체에 도달하기 위해 필요한 것, 바로 탐험이다.

그런데 여기에 역설이 하나 존재한다. 대단한 발견에 집착하는 탐험은 필연적으로 실패한다는 사실이다. 금의 왕국을 상상하며 엘도라도를 찾아 나선 수많은 탐험가들이 끝내 꿈을 이루지 못했듯이, 대상화된 목적지나 목표물을 가진 탐험은 원하는 게 너무 강한 나머지 눈앞에 펼쳐진 보물을 쉬이 놓치기 때문이다. 이보다는 성취에 대한 의지를 바탕으로 공간에 완전히 몸을 담그되, 물속을 유영하듯 세상을 감각하는 자세가 필요하다. 무엇을 발견할지는 거의 전적으로 탐험을 하는 자에게 달려 있다. 가장 멋진 광경을 보고도 시큰둥한 이가 있는가 하면, 채 몇 걸음 가지 않아도 스펀지처럼 진수를 빨아들이는 이가 있다. 나는 그 중간 어디쯤, 조금은 후자 쪽으로 기운 사람이라 스스로 말하고 싶다. 프랜시스 퐁주의 「미완의 진흙을 위한 송시」나 이칼로 칼비노

비숲

의 『미스터 팔로마』와 같은 작품에서 나타나는 수준의 지각력이나 통찰력에는 물론 이르지 못한다. 하지만 내 나름대로 밀림에 살며 보고 느끼는 바가 있어 기록해 놓은 것들이 있다. 어떤 것은 아주 기본적인 삶의 조건에 관한 것이고, 또 다른 것은 좀 더 복잡한 심상에 관한 것이다. 시시콜콜한 얘기들이지만, 그 어느 하나도 빼놓고서는 나의 밀림 탐험기는 아마 완전치 않을 것이다.

1) 땅

긴팔원숭이를 쫓던 시절 내내 나에게 가장 큰 염원이 하나 있었다면 그건 하루 일과의 상당 부분을 평평한 땅 위에서 보내고픈 소망이었다. 보통 방이나 사무실에서 생활하는 우리는 수평으로 고르게 난 표면 위에서 사는 것을 당연하게 여긴다. 간혹 비탈길이 좀 많은 캠퍼스에서 대학 시절을 지내는 경우도 있지만, 헉헉 숨을 몰아쉬며 뛰어 들어가는 강의실은 최소한 평평한 바닥을 제공한다. 열대 우림이라고 해서 늘 나의 연구지처럼 산악 지대에 있는 것은 아니다. 원래는 고도가 낮은 저지대에도 광범위하게 숲이 펼쳐져 있었지만, 그만큼 이동하기가 쉽고 접근성이 좋은 바람에 인간이 전부 차지해 버려서 이젠 남아 있는 서식지가 손에 꼽을 정도이다. 인도네시아 자바 섬의 경우는 상황이 더욱 심각하다. 수도와 인구가 집중된 이곳은 원시림의 90퍼센트 이상이 소실되었다. 게다가 최근 팜유 농장의 확산으로 그나마 남은 작은 녹색 조각마저 모두 사라질 위기에 처해 있다. 그래서 자연은 교통이 불편한 산으로 모두 도망을 간다. 자동차가 쉽게 올라갈 수 없는 울퉁불퉁한 산지나 돼야 그나마 동식물은 숨을 돌릴 수 있는 것이다. 하지만 안정이 보장된 안식처는 아니다. 블루마블 게임의 무인도 칸처럼 잠시 일회 휴식하는 시간일지도 모른다. 언제 어떤 개발 압력이 닥칠지 아무도 예측할 수 없기 때문이다. 덕분에 나의 두 발은 언제나 높이가 서로 다른 두 곳을 디디며 하루하루를 보낸다. 두 다리 곧게 펴서 설 수 있게만 해 준다면, 앞으론 누가 시키지 않아도 짝다리 짚지 않으리.

2) 기후

사람이 편안함을 느끼는 기후 범위는 왜 이토록 좁을까? 밀림을 탐험하던 기간 내내 머릿속을 떠나지 않던 질문이다. 수은주가 약간만 올라가거나 내려가도 우리는 금세 불편하다. 습도도 적정 수준이 아니면 피부 문제가 생기거나 찝찝하다. 이런 점을 감안해서 만든 것이 불쾌지수인 모양이지만, 오히려 이 지수 덕분에 견딜 만한 날씨도 더더욱 불쾌하게 느껴진다. 열대 지방에서는 냉방기를, 온대 지방에서는 난방기를 트는 호들갑을 떨어야만 하는 우리. 이에 비해 주어진 날씨를 숙명처럼 받아들이고 있는 동식물의 자태는 호젓하고 기품이 있다. 열대 우림은 말 그대로 비의 양이 절대적으로 많은 곳이다. 나의 연구지인 구눙할리문 국립 공원은 연강수량이 4000~5000밀리미터를 웃돈다. 우리나라 역대 최고 연강수량이 1792밀리미터인 것에 비춰 보면 그 양을 가히 짐작할 수 있다. 그래서 숲에 들어가면 무조건 젖는다. 마른 날

도 지난밤의 비나 이슬이 식물의 잎에 맺혀 있어, 스쳐 지나가는 내 옷
자락에다 방울방울을 건넨다. 옷에 달라붙은 축축한 천의 감촉, 마르
지 않는 샘처럼 흐르는 땀, 수분이 물리적으로 느껴지는 공기, 그리고
푹푹 찌는 더위를 발산하는 강렬한 태양. 밀림 생활의 기본 조건이다.
물과 빛과 공기의 이 소용돌이 속에서 그토록 많은 생명이 탄생하고
그토록 화려한 생태계가 자라나는 것이다. 쾌적함의 요구 조건이 쓸데
없이 까다로운 인간이 끼기에 어색한 곳, 진정한 야생의 공간이다.

3) 음식

　나는 음식 남기는 것을 보지 못하는 성격이다. 아니 성격이라기보다는 하나의 생활 철학이다. 먹을 수 있고 소화할 수도 있는 유기물이 얼마나 소중한 것인지 뼈저리게 경험한 탓이다. 음식이 넘쳐 나는 도시에 사는 이에겐 먹을거리가 잉여 자원으로 보인다. 생물로 가득 찬 곳에 살면서 그 중 내가 먹을 수 있는 건 극히 적은 밀림에서 나날을 보낸 이에겐 사무치게 귀한 것이 음식이다. 젊어진 배낭 속 작은 도시락 통이 동이 나면, 남은 시간을 에너지 무방비의 상태로 살아야 한다는 사실이 때론 충격적으로 다가온다. 기후와 마찬가지로 우리에게 음식이라는 개념은 왜 이리도 협소할까, 주린 배를 안고 정글을 누비며 하던 생각이다. 슈퍼에 가 보면 다양한 것처럼 보이지만, 다 적당히 물렁물렁하고, 부드럽고, 식물성이든 동물성이든 '육질'이 있는 무엇이다. 우뚝 선 거대한 무화과나무가 생물 다양성의 총화를 눈앞에서 보여 주듯이 온갖 동물의 만찬장이 되고 있는 것을 보면서 정작 나만 못 끼고 있는 기분을 아는가. 밀림의 열매를 억지로 먹으려면 한두 개 삼킬 순 있다. 그런데 실제로 먹어 보니 긴팔원숭이가 먹는 대부분의 과일은 쓰거나 신맛이라 무슨 맛으로 먹는지 궁금할 정도이다. 그걸로 제대로 된 식사를 하는 건 절대 불가능하다. 물론 토착민들은 내가 감히 견줄 수 없는 생활의 지혜를 갖고 있어 야생의 숲에서도 필요한 자원을 채취하고 가공할 줄 안다. 하지만 그런 노하우는 내게 요원하다. 열대 우림의 한 가지 아주 편리한 점은 남은 음식을 처리하기 매우 수월하다는 것이다.

일상

97

도시에서는 어떻게 하기가 곤란한 음식물 쓰레기가 여기서는 소중한 자원으로 즉각 접수되어 자동적으로 처리된다. 순식간에 개미가 달려들고, 균류가 작업에 들어간다. 조금만 지나면 찌꺼기가 남은 흔적조차 없다. 물론 동물들이 내가 원하는 것만 처리해 주지는 않는다. 아직 먹고 있는 중인 음식물도 자신들의 일거리로 여기는 일이 태반이다. 아끼던 책 한 권이 흰개미들의 잔칫상이 된 것을 안 시점은 이미 식사가 상당히 진행된 후였다. 어찌나 맛있게도 지속적으로 갉아먹었는지 등고선 멋들어진 단면이 생겨 버렸다. 잘 안 보는 책도 많은데 하필 아끼는 이것을!

4) 이웃

어디에 있는지가 아니라 누구와 있는지가 중요하다는 말이 있다. 다분히 사회적인 존재인 우리는 어떤 이들과 함께하느냐에 따라 행복과 불행을 거침없이 왕복한다. 내가 머문 밀림 옆의 작은 마을은 집이 겨우 열 채 남짓한 작은 공동체이다. 만나면 언제든지 인사를 나누고, 모르는 사이라도 눈웃음 또는 미소를 주고받는 문화이다. 나도 모르게 한국에서 이 버릇대로 하다가 난감했던 적이 여러 번 있다. 더군다나 여대에서 근무를 했으니 알 만하지 않은가. 인도네시아 산골에서 일상으로 여겼던 이웃 간의 이 다정다감함이 우리네 세상에서는 자취를 감춰 버렸다는 사실이 슬프다. 마찬가지로 한국에서라면 이제 더 이상 갖기 어려운 이웃은 동물이다. 갈수록 주변을 인공적으로 변모시키는 우리나라와는 달리, 내가 살던 밀림 동네는 동물 이웃이 즐비하다. 우선 닭이 온 식구를 이끌고 하루에도 수십 번씩 찾아온다. 특별히 볼일도 없으면서 당당히 대문을 통해 들어와 마당을 거닐다가 심지어는 집 안까지 넘본다. 암만 쫓아내도 짧은 기억력 탓에 방문에 재방문을 거듭한다. 뉘 집 녀석들인지 모를 고양이와 개들도 툭 하면 제 집인 양 와서 쉬고 있다. 어느 날 밤, 앞문을 둔탁하게 두들기는 소리에 아닌 밤의 불청객을 예상하며 조심스레 문을 열었는데, 커다란 풍뎅이 한 마리가 계속해서 문에 부딪혀서 소리를 내고 있었다. 현관문 앞 불빛에 홀려 날아온 것이었다. 가늘게 낑낑거리는 소리가 나면 어딘가에서 개구리가 뱀에게 먹히고 있다는 신호이다. 아니나 다를까, 불쌍한 신음 소리의

진원지를 찾아가면 뒷다리부터 조금씩 빨려 들어가는 개구리를 만날
수 있다. 나의 근접 관찰에 방해가 되었는지, 뱀은 개구리를 입에 문 채
식사 자리를 옮겼다. 집 안을 나눠 써야 하는 이웃도 물론 많다. 처마

밑 또는 기왓장 틈에 사는 박쥐들은 우리가 퇴근할 때쯤 출근길에 나
선다. 무슨 이유에서인지 비누를 선호하는 나비, 나방과 기타 벌레가
욕실을 공중목욕탕으로 만들어 놓는다. 늘어나는 쥐가 곡식을 건드는
바람에 어느 날 저녁 다락에 끈끈이를 설치한 적이 있다. 다음 날 떨리
는 손으로 꺼내 든 이 함정에는 한집 식구 동물의 다섯 종 세트가 고스
란히 모아져 있었다. 쥐, 바퀴벌레, 도마뱀, 개미, 그리고 거미. 이렇게까
지 다 잡을 생각은 없었는데. 무거운 마음으로 나는 이 이웃사촌들을
처리해야 했다. 얘들아, 정말 미안하구나.

5) 슬픔

삶이란 생로병사인데 어찌 아픔이 없으리오. 하지만 그간의 마음고생을 넋두리처럼 일일이 늘어놓을 생각은 없다. 그래도 하나만 꼽으라면 그건 단연 그리움이었다. 누구나 가족과 친구로부터 떨어져 지낸 경험이 적어도 약간은 있을 것이다. 나의 경우가 특수했던 점은, 연락 자체가 어려운 곳에서 긴 세월을 지냈다는 사실일 것이다. 군중 속에서도 우리는 얼마든지 고독함을 느낄 수 있다. 나를 찾아 주는 이, 나를 반겨 주는 이가 없다면, 그 많은 사람들도 나의 홀로됨을 경감시키는 데에는 아무런 소용이 없다. 하지만 나의 경우는 울리지 않는 핸드폰, 채워질 수 없는 우편함을 전제로 한 세상이었다. 통신망은 물론 편지가 도착할 우편주소도 없는 곳에서 느끼는 고독의 맛은 모든 서신 교환의 가능성이 차단되어 있기 때문에 더욱 진하다. 이 사태를 미리 예견하고 나는 원양 선박의 통신용으로 개발된 인말샛 위성 단말기라는 통신 장치를 미리 구입해 왔었다. 때마침 국제 위성 네트워크 서비스가 개시되어, 멀리서 고기잡이를 하는 어부들과 신세를 같이하는 마음으로 나는 때때로 이 고가의 장비를 켰다. 하지만 진정으로 때때로였다. 송수신 정보 1메가당 7360원씩이나 하는 가격을 도저히 감당할 수 없었기 때문이다. 모든 메일은 읽지도 않은 채 복사해서 붙여 놓고, 답장은 미리 써 놓은 것을 붙여서 보낸 다음 급히 전선을 뽑아야만 했다. 헉헉, 이번엔 얼마나 나왔을까. 검색은 꿈도 못 꾸었다. 그나마 이런 인터넷 사용도 어쩌다가 즐기는 럭셔리, 대부분의 시간은 소식 감감의 침묵 속에

비숲

천천히 흘러갔다. 나 없이도 돌아가는 세상의 소리에 귀 기울이며.

6) 기쁨

그리움이 가장 힘들었던 만큼, 그것이 충족될 때 나는 기뻤다. 때때로 연락이 닿아 사랑하는 이들이 잘 있다는 소식과, 그들이 아직 나를 완전히 잊지 않았다는 단서를 얻었을 때 나의 하루는 영롱하게 빛났다. 하지만 뭐니 뭐니 해도 최고의 기쁨은 내가 몸담고 있는 이곳으로부터 왔다. 이 신비롭고 아름다운 밀림에 내가 있구나. 정말로 여기에 내가 있구나. 이곳이 자연 그대로의 모습으로 이렇게 존재한다는 것, 오늘 하루도 저 소중한 동식물들이 무사하다는 안도감, 이 찬란한 녹음과 용솟음치는 야생의 삶이 아직도 세상에 있다는 그 명백한 사실이 나를 눈물 나도록 기쁘게 하였다. 그리고 이 심상에 곁들이는 맥주 한 잔의 기쁨! 요것도 물론 잊지 않았다.

7장
—
손님

나는 쌍안경을 가장 높은 나무의 중심부에 맞춘다. 졸린 듯 바람에 흔들리는 나뭇가지가 파란 하늘에 큰 원을 그리며 돌고 있었다. 물방울 같은 잎의 그림자는 햇빛에 바르르 떨며 매끈한 나무껍질 위에 조용히 춤을 추었다. 공기 중에 띄워 놓은 정자마냥 고즈넉한 이 열대의 명당에 앉아 신선놀음을 즐기는 이들이 시야에 들어왔다. 기둥에 등을 대고 기대었다가, 이내 자세를 바꾸어 발을 늘어뜨린 채 엎드리기도 하고, 그것도 지겨우면 아늑한 각도로 난 가지 틈새에 몸을 끼우고선 힘을 쭉 빼기도 했다. 벌레와 더위가 닿지 않는 저 높은 곳에서 취하는 완전한 휴식. 무성한 잎과 잔가지를 통과하면서 적당히 누그러진 산들바람이 자장가처럼 털을 어루만지면, 한낮의 졸음이 옛 기억처럼 느닷없고 달콤하게 찾아온다. 잘 익은 탐스런 과일로 채운 배가 숨결 따라 오르락내리락거린다. 더 이상 움직임이 눈에 띄지 않는다. 녀석들이 잠들었다. 나는 조용히 쌍안경을 내린다.

야생의 한가운데에서 시간이 멎는 이런 순간. 매일 생사를 다투는 동물조차 쉼의 세계에 몸을 맡기는 이때에 나만은 그럴 수가 없다. 마음은 저들처럼 여유로움을 갈망하고, 그들 못지않게 즐길 줄도 알지만, 내겐 한눈을 팔 권리가 없다. 나는 연구자이기 때문이다. 연구 대상인 긴팔원숭이가 달콤한 낮잠을 자면 관찰 노트에 '휴식'이라고 딱딱하게 기록할지언정 덩달아 긴장을 풀어서는 안 된다. 정해진 시각마다 동물의 위치를 파악하고 행동을 눈으로 확인해 기록해야 한다. 나는 제멋대로 나고 생긴 대로 사는 자연에 객관적인 체계를 부여해야 하는 임무를 진 과학자이다. 그래야지만 학계에 보고가 가능하고, 지식을 발

비숲

전시킬 수 있다. 그 누구 못지않게 인간적인, 너무나 인간적인 사람이 나지만 연구 현장에서만큼은 철저히 이성적인 존재이길 요구 받는다. 과학이고 학문이고 전혀 사정을 모르는 긴팔원숭이들은 여전히 한껏 늘어진 채로 있다. 자신의 일거수일투족이 세계의 심각한 학자들의 눈앞에 몇 개의 점으로 표시될 것을 상상이나 할까. 참 이럴 때가 아니지. 세월아 네월아 쉴 것만 같아도 언제 갑자기 일어나 숲 탐방을 재개할지 모를 일이다. 정신 바짝 차려야 한다.

동물을 연구한다는 것은 그들의 특성이나 습성을 이해하기 위한 탐구 행위이다. 영역 싸움이나 도피 행동, 사회성 등이 일어나는 근접 및 궁극적 원인을 밝히는 작업이다. 전자는 그 행동을 일으키는 생리적 및 구조적 기작을 의미한다면, 후자는 애초에 그 행동이 생겨나게 된 진화학적 이유를 말한다. 곤충의 작은 몸짓에서 고래의 집단행동까지 동물학자는 관찰과 분석에 의거하여 이종(異種)이란 과학적 대상을 이해하려 한다. 그런데 동물 중에서도 영장류를 쫓아다니며 자료를 수집하다 보면 이들을 과학적으로 연구하는 것 말고도 누군가의 삶을 엿보는 듯한 느낌을 받을 때가 있다. 우리의 모습이 투영되어서일까? 아침에 기지개를 켜고, 밥 먹다 낮잠 자고, 서로 엉켜 올라타며 놀다가, 해가 지면 잠자리에 든다. 울다가 웃고, 먹고 싸고, 싸우다 화해하는 생활, 어디서 많이 본 장면들이다. 이른 아침부터 늦은 오후까지 반복되는 이 주행성 생활 패턴은 우리네 사는 모습을 꼭 빼닮았다. 그래서인지 영장류 연구는 동물을 관찰한다는 경험과 더불어 누군가의 스토커가 되어 버린 기분마저 들게 하는 특징이 있다. 관찰을 당하는 영장류의 반

비숲

응도 남다르다. 동물들은 대개 정신없이 자기 일을 하거나, 도망가거나, 무관심하다. 영장류는 쳐다보는 자를 쳐다본다. 대체 넌 뭐 하는 녀석인고? 한심한 듯 묻는 눈초리로 대면하고 응시한다. 노트에는 횟수와 빈도 등의 수치가 기록되지만, 머릿속에는 심상과 기억이 남는다.

그들의 삶을 보기 위해서 나에겐 삶이 없다. 단지 남의 삶을 기록할 뿐이다. 긴팔원숭이들은 그날의 소소한 즐거움과 싱싱한 일과 속에 폭 빠져 산다. 생생한 삶의 일인칭으로 살고 또 그 안에서만 사는 그들을 보기 위해 나는 삶으로부터 완벽히 유리된 관찰자가 돼야 하는 것이다. 이곳 마을의 주민들도 이 점에서는 크게 다르지 않다. 밥 먹는 즐거움, 가족과 부대끼는 행복, 내 삶을 산다는 확신으로 그들은 살아간다. 심지어는 나의 연구 보조원들도 마찬가지이다. 그들은 자신이 속한 이 사회 안에서 정정당당한 성인 '남자, 잠재적 배우자이자 일꾼으로 인정받으며 이 시골길을 걷고 주말을 만끽한다. 아무도 삶 밖으로 빠져나와 있지 않다. 오직 나뿐이다. 그런 면에서 연구자의 삶은 작가와도 닮았다. 세상 속에서 몸을 담그지 못하고 한발 물러서서 세상을 '보려 하는' 사람의 운명인지도 모른다. 혼자라서 외롭기보단 삶 밖으로 나와 있어서 외로운 자.

그런 나에게도 방문자가 있다. 내가 어떻게 살고 있는지 보기 위해 먼 길을 마다 않고 열대 우림 속까지 찾아오겠단다. 어쩌다가 있는 이런 반가운 소식은 크게 세 가지 점에서 신선하게 다가온다. 첫째, 한국어를 마음껏 구사할 기회를 얻는다. 현지어로만 가득 찬 생활 덕에 구강 구조의 특정 부위에 좀이 쑤시는 것만 같기 때문이다. 둘째, 집 안은 물론 숲 속에 닦아 놓은 길까지 마음먹고 청소를 하게 된다. 밀림까지 손님맞이 치장을 해야 하는 것은 아니나 지형에 익숙잖은 이들을 위한 배려이자 서비스 정신의 발로이다. 그리고 셋째, 늘 방문자 역할을 하던 내가 오랜만에 주인 행세를 하게 된다. 마치 이곳의 터줏대감마냥 손님을 맞이하면 잠시나마 삶으로부터 한발 나와 있는 기분이 덜 드는 효과가 있다. 물론 무엇보다 그리운 이들과 실제로 물리적으로 만난다는 사실 자체가 믿을 수 없이 신나고 기쁜 일이 아닐 수 없다. 생일을 며칠 앞두고 혼자서 온갖 전야제와 식전 행사를 꾸미는 어린아이처럼 비품과 식재료 등을 점검하고 이벤트를 기획한다. 뭐 대단한 대접을 상상하면 물론 오산이다. 내가 놓인 상황의 소박한 조건들을 잘 활용해서 최고의 경험을 선사하는 것이 주목적이다. 이 밀림에 한 번 온 모든 방문자들은 이곳을 절대로 잊지 못한다. 미래에 그 어떤 여행을 가더라도 아마 이곳의 특별함과 비견될 곳은 없으리라, 감히 단언한다.

도착한 손님을 여기까지 데려오는 일이 언제나 가장 큰 관문이다. 인도네시아 수도인 자카르타와 직선거리상으로는 불과 75킬로미터 정도지만, 온갖 마을과 지형지물을 돌고 돌아가야 하는 길은 꼬박 5~6시간씩이나 걸린다. 특히나 국립 공원 안쪽에는 비포장도로가 많다. 여기서 말하는 비포장이란 우리나라 시골길 수준이 아니다. 때로는 진흙탕에 빠져서 차가 아예 나오지 못하는 경우도 있고, 거친 돌로 불안하게 만든 길은 차체와 부딪혀 심각한 타격을 주기도 한다. 그나마 산사태로 길이 묻히거나 하루아침에 사라지는 일이 없어야 갈 수라도 있다. 이런 길을 왕복하며 손님을 픽업하다 보니 차도 골병이 들어 정상이 아

니다. 동료 영장류학자인 독일 친구가 왔을 때에는 차가 길 한중간에서 퍼지는 사태가 발생하고 말았다. 시동을 아무리 걸어도 엔진에 기별도 안 가는데 날은 어둑어둑해지고 있었다. 한밤의 숲 속에 외국인들이 고립된다는 건 심히 위험한 상황이다. 얼마 전에 동네를 오가던 야채 장수가 그리 멀지 않은 곳에서 살해를 당했다는 소식이 당시 내 머리에 맴돌 때였다. 거의 패닉 상태에 다다를 무렵, 역시 수석 연구 보조원의 칭호가 마땅한 아리스가 점화 플러그 부근을 열쇠로 후려쳐서 겨우 시동을 켜는 데 성공하였다. 다행히 차는 더 이상 걱정을 끼치지 않고 집까지 안전하게 와 주었다. 처음 오는 이들에겐 집까지 이르는 이 첫걸음이 언제나 고생스럽게 느껴진다. 하지만 돌아갈 때쯤 되면 이런 기억은 씻은 듯 사라진다.

사람들은 딱히 관광을 하러 오는 건 아니지만 밀림에서 하는 긴팔원숭이 연구가 어떤 건지 현장 경험을 한 번쯤은 하고 싶어 한다. 손님이 왔다고 긴팔원숭이가 알아서 특별히 초보자 코스로 데려가 주지는 않기 때문에, 일사불란하게 움직이는 연구팀에 뒤처지지 않게 다니기란 쉬운 일은 아니다. 평소의 체력과 건강 상태를 체크할 수 있는 좋은 기회인 셈이다. 아는 동생이 친구랑 놀러 온 적이 있었는데, 그 친구는 방문자로서 가장 어려운 코스까지 완주하는 기염을 토할 동안, 그 동생은 딱 하루 숲을 경험해 보더니 그 여파로 가는 날까지 집에서 옴짝달싹하지 않았다. 안 하던 수영을 하면 여기저기 안 쓰던 근육이 결리지 않는가? 군말 없이 야생 동물이 택한 길에 복종하며 쫓아가다 보면 필시 꼴사나운 몸짓으로 통과해야 하는 곳이 나오게 마련이다. 네

발로 기어가고, 줄을 잡고 비탈을 올라가고, 미끄러운 진흙 위에서 균형을 잡는 자세에 익숙한 도시인은 많지 않다. 심지어는 하도 넘어지다 못해 아예 낙법을 포기한 채, 미끄러지면 그냥 자유낙하 하는 이도 있었다. 오히려 나의 지도 교수님인 최재천 선생님은 의외로 민첩한 운동신경을 선보이며 노익장을 과시하였다. 이미 열대에서 다년간 연구 경험이 있는 분이시지만, 사실 옛날 일인데다가 당시에 민벌레나 개미 등 작은 곤충을 주로 조사했기 때문에 과연 어떤 모습을 보일지 초미의 관심사였다. 아예 지지리도 못하시거나 보란 듯이 잘하실 거라는 의견이 분분하였다. 짧은 기간이었지만 교수님은 후자에 가까운 모습으로 우리를 실망시키지 않으셨다. 교수님, 다시 봤습니다.

어떤 이는 자신의 기술로 연구에 실질적인 기여를 하는가 하면, 어떤 이는 재미있는 에피소드로 연구자의 정신 건강에 도움이 되는 추억을 남겨 준다. 잠시 머문 프랑스 친구는 나의 연구하는 모습을 사진으로 찍어 주어 훗날 숱한 발표 및 프로필 용도로 쓰게 될 소중한 시각 자료를 제공하였다. 한국에서 온 지인 중에서 긴팔원숭이 사진을 여러 장 찍어 준 이도 있었다. 정작 연구자는 행동 데이터를 수집하느라 동물 자체를 감상하며 사진 찍을 여유가 사실상 없기 때문에 이런 방문자의 역할은 매우 쏠쏠한 도움이 된다. 아리스의 동생인 유디라는 이름의 인도네시아 친구는 그저 형을 보러 왔지만 연구 보조원 못지않은 필드 실력으로 긴팔원숭이 탐험에 큰 보탬이 되어 주었다. 유일하게 가족 대표로 온 나의 막내 남동생은 어려운 절벽 등반을 동행했고, 그리운 어머니의 손맛이 깃든 밑반찬을 배달해 주었다. 이런 분들을 두고 우리는 밥값을 하는 손님이라 칭하곤 했다.

선배를 보러 놀러 온 연구실 여자 후배 두 명은 예상치 못한 계기로 한밤중에 별미 야식을 하게 된 사건도 있었다. 둘은 쓰레기를 태운다며 집 옆 소각장으로 향했고, 그동안 나는 유유히 책을 읽으며 시간을 보내고 있었다. 몇 분 후 외마디 비명이 들리더니 둘 다 머리를 감싼 채로 닭똥 같은 눈물을 뚝뚝 흘리며 황급히 돌아오는 것이 아닌가? 눈물의 진원지를 살펴보니 머리에 커다란 혹이 벌겋게 커지고 있었다. 말벌의 짓이었다. 지붕 처마 밑에 달린 말벌 집을 보지 못한 채 쓰레기를 태우자, 그 연기에 위협을 느낀 말벌들이 냅다 공격을 가했던 것이다. 이런. 집주인에게 달려가 사정을 설명하니 아저씨는 걱정이랑 말고 자기에게 맡겨 달란다. "오늘 밤, 모든 게 해결될 거요!" 웬 밤? 나는 확신이 들지 않았지만 일단 자리를 떠났다. 이내 마을에 어둠이 깔렸고, 확실히 캄캄해지자 아저씨는 긴 대나무 장대를 들고 나타났다. 한쪽 끝에는 수건을 칭칭 감고 석유를 뿌린 다음 불을 붙였다. "자 모두들 물러서시오!" 집주인은 불타는 막대로 말벌들을 무차별 공격하기 시작했다. 먼저 보초병부터 하나둘 때려 태우더니 곧 지원에 나선 온 식구를 고꾸라뜨렸다. 눈앞이 캄캄한 밤이라 벌들은 유일하게 선명한 물체인 화염을 공격자로 보고 달려들었던 것이다. 마지막으로 벌집까지 떨어뜨리자 아저씨는 전기등을 켰다. "주인아저씨 정말 감사합니다!" "별말씀을! 자, 이제 먹읍시다!" 엥? 아저씨의 안내에 따라 우리는 벌집 속의 애벌레를 한 마리씩 꺼내 생으로 삼켰고, 반쯤 불에 그슬린 성체 말벌들은 주인아주머니가 기름에 볶아 주었다. 나는 이런 때를 대비해서 아껴 두었던 보드카 한 병을 열었다. 어느덧 눈물이 그친 두 숙녀는 자신을 울렸던 숙적을 오물거리고 있었다.

문명 속에 살다가 밀림 속에 있는 자신을 발견한 이들에게 공통적으로 나타나는 한 가지는, 이곳에서 감수성과 감각이 완전히 열린다는 점이다. 그들은 말로만 듣던 지구의 허파 속을 직접 거닐며 자연의 숨결을 피부로 호흡했다. 그들은 자유로운 동물의 길들여지지 않은 야성을 좇으며 수풀 속을 함께 뛰어다녔다. 그리고 믿을 수 없이 찬란하게 수놓인 밤하늘의 별 바다에 잠겨 삶을 돌아보고 미래를 꿈꾸었다. 나의 가장 친한 친구는 이 별 세계를 만끽하다가 그만 붙잡고 있던 담장을 무너뜨려 버렸다. 난간에 의지한 채로 몸을 너무 뒤로 젖혔기 때문

손님

121

이다. 그 친구는 부실공사라고 했지만, 그건 모를 일이다. 밀림의 정기
가 갑작스런 힘을 내려 주었을지 그 누가 알겠는가? 밀림의 방문자여,
함부로 판단하지 말지어다!

8장
—
가족

아이는 얼른 어른이 되고 싶어 하고, 어른은 자신이 아이였던 시절을 그리워한다. 아이와 어른이 속한 각각의 세계가 보통은 판이하게 다르기 때문에, 그 사이에 마치 한 번 건너면 영원히 되돌아올 수 없는 강이 흐르는 것만 같다. 기념일이 되거나, 어떤 우연한 사건을 겪으면 삶을 통시적으로 되짚어 보게 될 때가 있다. 참, 한때는 이랬었지. 이러던 것이 저렇게 되었구나. 하지만 강 한가운데에 마음의 징검다리를 놓는 것도 잠시. 과거와 현재를 잠시 이어 생각한 순간이 지나고, 어느새 빠른 물살이 불어 닥쳐 모든 것은 다시 잠겨 버린다. 그때의 나나 지금의 나나 똑같이 한 사람이지만, 이상하게도 그 속에 어떤 단절이 존재한다. 혹자는 이를 두고 성숙이라 부르기도 한다. 그러나 서른이 넘은 나이에 밀림 속에서 동물과 함께하는 나날을 보내는 나에겐 이는 낯설고 별로 와 닿지 않는 개념이다.

고교 학창 시절이 끝나갈 무렵 대학 입학 원서를 쓰는 친구들을 보며 나는 놀라움을 금치 못했다. 아니, 어떻게 저렇게 지겨워 보이는 학과에 아무렇지도 않게 지원할 수 있는 거지? 함께 유치한 놀이를 하며 시시껄렁한 잡담을 즐기던 녀석들이 하루아침에 억지 어른으로 둔갑해 버린 것이 어색해서 못 견딜 지경이었다. 사뭇 진지한 표정으로 딱딱하기 그지없는 분야의 비전을 검토하는 그들을 지켜보며 나만 홀로 제자리에 머무른 듯한 씁쓸한 인상을 지울 수 없었다. 물리 시간만 되면 선생님의 첫마디가 채 떨어지기도 전에 잠에 빠지던 애가 공대가 전망이 좋다며 그쪽으로 인생의 방향을 결정하다니! 저런 면모가 이른바 '철이 드는' 것이라면 나에게 어른다운 성숙함은 요원한 것이구나. 나

는 거의 확신에 찬 결론을 내렸다.

동물을 본격적으로 연구하면서부터 나와 비슷한 부류를 만나기도 했다. 전체적으로 보면 사회에서 극소수에 해당되는 집단이지만, 막상 하나둘씩 만나게 되면 생각보다 수가 많다는 것을 알게 된다. 온갖 곤충, 새, 양서파충류, 포유류 그리고 기생충까지 전문적으로 연구하는 사람들이 우리나라에도 이제 제법 된다는 것은 상당히 고무적인 일이었다. 하지만 동물에 관한 시시콜콜한 얘기가 당연한 이들의 틈바구니 속에서도 나는 여전히 충분한 '어른'이 아니라는 사실을 다시금 느껴야 했다. 스스로를 어엿한 동물 연구자라고 부르기 위해서는 점과 선으로 된 그래프, 복잡한 컴퓨터 화면, 머리 아픈 수식을 동물 못지않게 좋아해야 하는 것이었다. 실제로 동물학자의 일과에서 가장 큰 부분을 차지하는 일은 여타 회사원과 별로 다를 바 없는 컴퓨터 작업이다. 데이터를 입력하고, 분석을 돌리고, 논문을 작성하느라 애인처럼 모니터를 붙들어 껴안고 지낸다. 물론 애초에 자료를 모을 때는 다르다. 야외에 직접 나가서 동식물을 두 눈으로 보고, 계절과 배고픔과 싸워 가며 자료를 수집한다. 이때에야 비로소 어린 시절 벌레를 잡으러 풀숲을 헤매던 나와 연장선상에 있는 스스로를 발견하게 되고, 내가 본연의 자리에 있다는 자족감이 드는 것이다. 하지만 바로 그 점이 내가 아직 성숙하지 않았음을 말해 주고 있었다. 현장에서만 행복하다는 것은 내가 아직 학자로서 미성숙하다는 뜻이기 때문이었다. 엉덩이 붙이고 앉아서 하는 딱딱한 작업 또한 온전히 내 것으로 받아들여야만 완성되는 이야기였다. 이런 상황은 어느 분야든 마찬가지라는 것을 알았지만, 나는 내 안의 어린이로부터 떠나는 것을 고집스럽게 거부하였다. 그래서 나는 가장 모험적인 선택을 함으로써 나름의 타협점을 찾으려 했다. 낭만적이고 이국적이고 신비로운 정글로 떠나 재미나는 원숭이를 탐험하는 일. 이거라면 난 할 수 있었다! 내 안의 어린아이도 반대하지 않았다. 반대는커녕 신이 나 어쩔 줄을 몰라 했다.

긴팔원숭이 B그룹의 새끼는 우리 연구팀에서 가장 인기가 높은 아이이다. 녀석의 이름은 꿈꿈(Kumkum)이다. 한국어로 이런 재미있는 어감이 있는 줄 전혀 모른 상태에서, 작명에도 소질이 있는 수석 연구 보조원 아리스가 지어 준 이름이다. 가장 마지막까지 죽어라 도망 다니며 우리를 그토록 괴롭혔던 B그룹의 귀염둥이라 특별하기도 하지만, 언제 태어났는지 알기에 더욱 정이 가는 아이다. 더 정확히 말하자면

탄생 시각까지 거의 아는 셈이다. 2007년 7월 30일 저녁까지는 분명히 없었는데, 이튿날인 7월 31일 아침에 느닷없이 나타났다. 따라서 오히려 생일날 자체는 전날인지 그 다음날인지 알 수 없다. 이왕이면 애매한 것보다 확실한 것이 낫다 싶어 달의 말일을 생일로 삼기로 했다. 이때는 아직 B그룹이 우리에게 항복하기 전이었다. 지금은 유유히 이들이 있는 나무 밑을 걸어 다니고 떠들어도 예사로 여기지만, 처음에는 우리가 보이기만 해도 36계 전속력 줄행랑이었다. 도망가려는 의지와 놓치지 않겠다는 의지의 대립 속에서, 꿈꿈은 그렇게 태어나자마자 쫓기는 신세인 자신을 발견하였다.

하지만 우리도 그렇게 매몰찬 사람들은 아니다. 연구도 연구지만 갓

나온 아기와 출산한 어미에게 스트레스를 안겨 줄 수는 없었다. 이 세상에 나오자마자 도망부터 배우면 장차 커서 뭐가 되리! 게다가 자칫 무리하게 추적하다간 아이가 다치거나 죽을 가능성도 있었다. 실제로 꿈꿈의 존재를 발견한 것도 어미 긴팔원숭이가 도망가는 모습에서 어떤 이상한 낌새를 눈치채면서였다. 평소에는 두 팔을 번갈아 나뭇가지에 척척 걸치면서 빠르게 가던 동물이, 거의 한 팔로만 다니느라 속도가 눈에 띄게 느렸던 것이었다. 혹시 팔 한쪽을 다쳤나 유심히 살펴본 결과 손에 까만 덩어리 하나를 꽉 쥐고 절대 놓지 않는다는 것을 알아냈다. 마치 손에 지갑을 쥐듯이 새끼를 들고 뛴 것이다. 한 팔로만 도망가다가 갑자기 손을 놓기라도 하면? 상상만 해도 아찔했다. 멸종 위기

비숲

에 처한 동물을 연구하면서 단 한 개체라도 수가 줄어드는 것을 볼 수는 없는 노릇이다. 그것도 연구자 자신이 초래한 죽음이라면 그만큼 악몽 같은 것은 없다. 매의 눈을 가진 아리스가 결국 마지막 확증을 해 주었다. "오! 저건 아기야 아기!" 우리는 흔쾌히 2주짜리 휴가를 B그룹에게 일방 통보했다. 그리고 그 시간이 지나도 주로 수컷을 괴롭히기로 약속했다. 물론 긴팔원숭이들은 협상 테이블에 앉지도 않았지만 본인들에게 해가 되지 않을 조건이었으니 무리 없이 받아들였으리라.

영장류의 아이는 필연적으로 롤러코스터와 같은 운명을 타고난다. 살면서 나름의 드라마를 겪는다는 의미도 있지만, 그보다는 말 그대로 급박한 물리적인 움직임에 익숙해져야 하는 처지라는 뜻이다. 밀림의 삼차원적 녹색 미로 속을 빠르게 움직이는 엄마를 부둥켜안고 있으면, 모르긴 몰라도 웬만한 유원지 열차는 상대도 안 될 정도의 스릴이 있을 것이다. 엄마 품을 벗어나지 않은 채 매일 놀이공원보다 신나게 오르락내리락하는 기분은 과연 어떨까? 암컷 영장류는 사람 임산부처럼 의료 및 간호의 혜택을 받지 못하기 때문에, 애가 딸린 상황에서도 여전히 밥을 찾아 매일 돌아다녀야 한다. 그 과정에서 아이를 어떻게 처리하는지는 가지각색이다. 그냥 새끼가 아무렇게나 매달리도록 하는 것이 아니라, 아이와 어미가 취하는 자세조차 하나의 생물학적 적응 현상으로서 종마다 다르게 나타난다. 긴팔원숭이는 언제나 아기가 배를 붙잡도록 한다. 등에 업었다간 움직임에 핵심적인 어깨관절이 자유롭지 못해 이동에 지장을 줄 수가 있다. 그러나 비비원숭이 같은 경우는 새끼가 등에 업히고, 일부 여우원숭이 중에는 새끼를 입에다 물고 다니

는 종도 있다. 안경원숭이는 먹이를 찾는 동안 아이를 적당한 곳에 숨겨 놓기도 한다. 맡아 주는 이가 없는 탁아소라고나 할까?

　보다 흥미로운 것은 영장류의 가정 교육이다. 말을 주고받지는 않지만 매일매일을 함께하는 어미와 자식 사이에는 무수한 교감과 상호 작용이 일어난다. 엄마에게 매달린 채 정글에서 살아가는 법을 근접 거리에서 유심히 관찰하며 영장류 아기는 생생한 현장 학습을 경험한다. 그래서 영장류 어미와 자식 간의 관계는 그 어느 동물에 비교해도 끈끈하고, 개체의 정상적인 발달에도 핵심적인 역할을 한다. 아빠의 역할은 애초부터 상대적으로 적을 수밖에 없다. 많은 영장류에서 수컷 영장류의 양육 활동은 다소 간접적인 형태를 띤다. 직접 보듬어 주는 것보다 영역을 방어함으로써 가족에게 식량을 확보해 주거나 다른 수컷 또는 포식자로부터 친족을 안전하게 지켜 주는 등의 역할 말이다. 우리네 가정과도 여러 가지로 닮은 모습이다. 요즘은 부모 간의 성 역할이 예전보다 그 구분이 흐려졌지만, 전통적으로 아버지는 자식의 일에 관해서 한발 물러선 태도를 취하였다. 인간을 포함한 영장류 집단에서 수컷과 자식 간의 관계는 바로 그 혈연관계가 암컷만큼 확실치 않다는 점에 의해서도 크게 영향 받는다. 암컷은 자신의 몸으로 낳은 새끼가 친자식임을 확실할 수 있지만 수컷은 사실상 알 길이 없다. 이를 두고 '부성 불확실성'이라 한다. 내 자식인지 100퍼센트 확실치도 않은데 시간과 노력을 들입다 투자할 수는 없는 노릇이다. 그러나 수컷의 역할도 여전히 중요하다. 복잡한 사회관계로 이루어진 집단 내에서 누구랑 협력하고, 배신자는 어떻게 알아보는지, 위험한 동물은 어떻게 맞서는지

등을 몸소 보여 준다. 아빠의 멋진 모습은 단순히 귀감이 되는 수준이 아니라, 직접적인 교육 자료가 된다.

　꿈꿈이 어느덧 무럭무럭 자라 어엿한 긴팔원숭이의 신체 윤곽을 띠기 시작했다. 이제는 엄마의 품으로부터 걸핏하면 벗어나 서툴게 덤벙대며 자기만의 세계를 탐험하길 즐겼다. 어찌나 용감하고, 적극적이고, 쉼 없이 활기찬지, 우리는 A그룹의 아기인 암란과 비교하며 꿈꿈에 대한 칭찬을 아끼지 않았다. "참 꿈꿈은 저렇게 당찬데 암란은 왜 그리 맥아리가 없다니?" "누가 아니래? 혼자 저렇게 해 보려고 애쓰는 거봐! 암란이 제 반이라도 따라갔으면. 쯧쯧." 완전히 동네 아줌마와 한가지가 되어 버린 나와 연구 보조원들은 나무 꼭대기를 쳐다보며 밀림

바닥에 주저앉아 이런 수다를 떨곤 했다. 강심장인 녀석이라 그런지 부모가 좀 심한 장난을 치는 경우도 있었다. 어느 날 꿈꿈은 아버지인 B그룹의 수컷 털보에게 장난을 걸다가 된통 당한 일이 있었다. 언제나처럼 달려들어 아빠의 털을 쥐어뜯고 있는데, 하필 오늘은 털보의 심기가 좀 불편한 날이었다. 털보는 갑자기 돌아앉아 아들을 잡아 거꾸로 뒤집더니 다리 한 짝씩 양 손에 잡고 마구 뒤흔드는 것이 아닌가? 그것도 모자라 빨래 먼지 털듯 흔들기가 끝나자 녀석을 아래 대나무 숲으로 아예 떨어뜨려 버린 것이었다! 아무리 장난이라지만 좀 심하다 싶었지만, 정작 우리의 꿈꿈은 천연덕스럽게 기어 올라와서는 아무렇지도 않은 듯 다시 놀기 시작했다. "역시 꿈꿈은 우리의 꿈나무야!" 나의 편애는 이제 걷잡을 수 없는 지경이 되어 버린 것일까.

　자식을 아무 데나 던지는 행동이야 모범 사례는 아니지만, 말 대신 행동으로 보여 주는 영장류식 교육법에는 우리가 배워야 될 점이 많다. 말로는 한 가지를 가리키면서 몸으로는 전혀 다른 것을 보여 주는 어른의 언행 불일치는 아이들의 세심한 눈에 반드시 포착된다. 아이에게 꿈과 가능성을 얘기하는 그 어른의 삶이 세속과 현실에 찌들었을 때 설득력은 있을 수 없다. 자라나는 야생 영장류의 눈에 보이는 어른의 사는 모습은 단순 참고 대상이 아니라 바로 자신이 머지않아 따라야 하는 삶의 방식이다. 본질적인 측면에서 이는 인간과 다르지 않다. 우리는 그저 살아 있음으로 해서 매일 교육을 하고 있고 미래를 만들어 가고 있다.

　원숭이가 뛰노는 밀림에서 젊은 날을 보낼 수 있는 나는 참으로 행복하다. 나는 소위 말하는 '원하는 것을 하게 해 주는' 부모님을 가졌

다. 진리와 정의를 위해 한평생을 살아온 아버지와 늘 처음처럼 꿈을 좇는 삶을 추구하는 어머니를 둔 행운아이다. 덕분에 나는 탐험과 사색이 풍부한 어린 시절을 보냈고, 그 시간을 부정하지 않으면서 어른 시절로 들어설 수 있었다. 물론 부모님께서 직접 언어를 통해 해 주신 좋은 말도 많다. 하지만 무엇보다 직접 삶과 행동 속에서 교육을 실현시켜 주신 영락없는 '영장류 부모님'이셨다.

내게 아이가 생긴다면 모글리처럼 키우리라 결심한 적이 있다. 모글리는 러디어드 키플링의 소설 『정글북』에 나오는 주인공이다. 정글에 내버려져 곰과 표범을 부모 삼아 커야 했던 모글리는 말을 할 줄 몰랐고, 네 발로 기어 다녔다. 좋은 학원도, 성적도, 학교도, 직장도, 배우자도, 재산도, 명예도, 미래도 중요하지 않다. 심지어는 언어조차도 필수가 아닌 선택이다. 완전한 자유 속에서, 사랑하는 가족과 자연이 사는 모습을 보며 자라 그 어떤 모습이 되더라도 무엇이 문제이겠는가. 그 원숭이 녀석을, 마음을 다하여 사랑하리라.

9장

생물

눈에는 보이지 않지만 피부로 분명히 감지되는 수증기가 공기에 무겁게 걸려 있다. 초록색 잎마다 한 꺼풀 물이 입혀져 번들거리고, 젖어서 색이 짙어진 나무껍질은 사우나와 같은 향을 내뿜었다. 질척질척한 흙은 달콤한 초콜릿 무스처럼 부드럽게 발밑에서 허물어졌다. 그것도 모자란지 아득한 천둥소리가 또 한 차례 비 소식을 알린다. 처음에는 너무 작아서 분간이 안 되었다가, 성난 군중의 함성처럼 조금씩 소리가 커지면서 저 멀리서부터 물의 커튼이 드리워진다. 언제나 처음에는 이게 무슨 소리인가 귀를 기울인다. 거센 바람이 나무를 쥐고 흔들면서 가지 사이를 비집고 지나가는 소리일까, 저 계곡 강물 소리가 가까워진 걸까. 아니다, 비다. 또 비다. 본격적으로 우기가 시작된 것이다.

이곳 사람들은 라틴어 표기법으로 된 인도네시아어(Bahasa Indonesia) 상에서 '~ber'로 끝나는 달에 우기가 찾아온다고 한다. 그렇다면 우기는 9월에서 12월 사이라는 말이 되는데, 집에 설치해 놓은 장비로 강우량을 측정해 본 결과 정확히 들어맞지는 않아도 얼추 비슷한 양상을 보인다. 가령 연초나 중반에 비가 상당히 내리는 경우도 있지만, 적어도 하늘에서 물을 쏟아 붓는 양의 피크는 10월에서 12월 사이에 찾아온다. 간이 측량기로 간밤의 비의 양을 확인하는 이 행위는 묘하고도 소소한 즐거움을 준다. 특히 아늑한 실내에 앉아 폭포수처럼 쏟아지는 물살을 관조하고 있노라면 바깥에서 저걸 맞고 있는 처지가 아니라는 안도감과 함께, 과연 내일 아침 물은 어디까지 차 있을까 궁금해진다. "와, 이거 잘 하면 아예 신기록이 나오겠는데!" 어쩌면 측량과 기록은 바로 이런 쾌감에 근거한 자기 충족적 행위인지도 모른다. 애초에 자를

들이대지 않았으면 궁금하지도 않았을 것이, 재기 시작하면서 어떤 수치에 대한 집착이 생기는 것이다. 어쨌든 그런 기록이 모이고 모여, 이 순간이 정녕 우기임을 객관적으로 선언해 준다.

끝날 것 같지 않은 비의 장막에 갇혀 지내는 이 시절이 바로 고국의 계절이 가장 그리운 때이다. 열대의 장엄한 비가 결코 싫어서가 아니다. 또는 거침없는 태양열을 받아 증발산하는 수증기로 푹푹 찌는 이곳의 영원한 여름을 달가워하지 않아서가 아니다. 나는 어린 시절부터 북반구와 남반구의 여러 기후대에서 지냈던 터라 그 어느 날씨에서도 고향의 맛을 찾는 행운을 누린 사람이다. 하지만 축축하거나 덥기만 한 세상을 제대로 경험하고 나면, 한국의 분명한 사계절과 환절기마다 찾아오는 그 기적적인 변화를 그리워하지 않을 수 없다. 특히 이곳에서 우기가 시작될 때면 고국에서는 싸한 공기와 청명한 하늘의 가을이 낙엽처럼 내려앉았겠지, 생각은 두둥실 바다를 건너 날아간다. 단풍과 은행잎으로 바스락거리는 거리를 걸으며 완전하게 순수한 맛의 공기를 들이마시고 내쉰다. 건조하지만 부드러운 두 손을 따스하게 비비고, 머릿결 사이로 지나가는 찬바람을 음미하며 옷깃을 여민다. 구름 한 점 없는 높은 하늘로 마치 날아오를 것만 같은 들뜬 기분으로 떠나는 목적지 없는 외출. 아, 이 가을의 멋이란! 온종일 걸어 봐도 마르지 않은 수건의 퀴퀴한 냄새를 맡으며, 나는 남몰래 이 궁상맞은 여행을 즐겨 떠났다. 어차피 주변에 있는 사람들에게 말해 봤자 전혀 공감을 구할 수가 없는 얘기였다. 추위의 기준이 섭씨 20도부터인 이들에게 무슨 말을 하리오. 하지만 이들도 눈에 대해서는 무척 궁금해 했다. 하얗게 내린 눈을 직접 보고 만져 봤다는 사실이 신기하게만 느껴지는 모양이었다. "옛날에는 그냥 손으로 퍼 먹기도 했단다." "정말이요? 와 눈을 먹다니!" 지구 별은 참으로 작은 것 같으면서도 또 한없이 넓다.

　연중 따뜻하고 물이 넘치는 열대 우림의 기후가 변화무쌍하지 않다는 측면에서 사람에게 다소 지루할지라도 동물들에게는 더할 나위 없이 훌륭한 지상 낙원이다. 달아오른 생명의 왕성한 혈기를 싸늘하게 식히는 차가운 겨울이 없다는 사실이 바로 이곳의 엄청난 생물 다양성을 가능케 해 준다. 피부가 바싹 마르고 조직이 갈라지는 건조함 없이 언제나 풍부한 물이 젖줄처럼 흐른다는 사실도 이 생명의 축제를 든든하게 후원해 준다. 동식물들은 혹독한 날씨로 인한 체온 변화와 생체 조직의 물리적 손상 등에 대한 방어책을 만드느라 소중한 자원을 할애

하는 대신, 생장과 번식 그리고 자신들의 삶에 좀 더 집중할 수 있는 것이다. 한 곳에 많은 종류가 모여 있다는 것. 이 사실의 특별함을 진정으로 깨닫는 데에는 약간의 차분한 사색이 필요하다. 애초에 왜 생물이 여러 가지가 있어야 하는가? 생태계라는 게 굳이 있어야 한다고 가정하면 하나의 생산자, 하나의 소비자, 하나의 분해자만 있으면 되는 것 아닌가? 좀 단순하지만 완전한 폐곡선으로 된 훌륭한 단선 회로도 얼마든지 있을 법하다. 복잡한 먹이 그물이 여기저기로 가지 치는 시스템은 뭔가 군더더기가 넘쳐 보인다.

우리의 발길이 닿지 못한 어딘가의 먼 우주에 이런 별이 있는지도 모른다. 하지만 지구라는 행성은 하나의 원초적인 생명체로부터 종이 무던히도 갈라지고 또 갈라져 나와, 지금과 같이 찬란한 다양성을 자랑하는 스펙트럼을 갖게 되었다. 진화는 생물이 남과 다른 방식으로 변화하는 과정이다. 남이 안 먹는 먹이, 남이 못 사는 곳, 남과 전혀 다른 '팔자'로 점점 뻗어 나가 그 모험이 성공하면 자연에 의해 선택된 종이 되고, 실패하면 피안의 세계 속으로 잊혀지게 된다. 한 가지 이상의 생물로 구성된 생태계는 정의상 이미 다양성의 개념을 내포한다. 그런데 환경의 조건이 생명이 생장하는 데 호의적일수록 생물은 더욱 다양해지는 경향이 있다. 빛과 물이 풍부하게 주어지면 마치 기다렸다는 듯이 생물 발전소는 풀 가동에 들어가고, 끊임없는 신제품 개발에 혈안이 된 공장처럼 쉴 새 없이 새 아이디어를 출시한다. 이른바 생물 다양성 핵심지(Biodiversity Hotspot)가 바로 그 현장이다. 하염없이 내리는 비를 온몸으로 받고 있는 이 열대 우림이 바로 그곳이다.

　나의 소중한 연구지인 인도네시아 할리문 국립 공원도 어느 곳 못지
않은 종 다양성을 자랑한다. 고도가 해발 500미터에서 2000미터 이상
에 이르는 공원의 여러 층위별 서식지에서 244종의 조류, 79종의 양서
파충류, 61종의 포유류, 그리고 258종의 난초가 발견된다. 지금은 멸종
된 자바호랑이도 1970년대까지만 해도 이곳에 생존해 있었다고 한다.
호랑이만큼은 아니더라도 충분히 강력한 카리스마를 가진 동물인 표
범이 아직도 잘 살고 있다는 사실이 이곳의 생태계가 얼마나 건강한지
를 보여 준다. 밀림에 가 보지 않은 이가 흔히 오해하는 것이 두 가지 있
다. 첫째는, 밀림에 있다 보면 얼굴이 까맣게 탈 것이라는 생각이다. 검
게 그을리기는커녕 더 하얘져서 나오기도 한다. 식물들이 서로 햇빛 경

쟁 하느라 숲의 지붕이 촘촘히 덮이기 때문이다. 밀림의 속은 오히려 어두운 곳이다. 어쩌다 큰 나무 하나가 쓰러지면 그 틈으로 금색 빛이 쏟아지기도 하지만, 보통은 숲의 수관부(canopy)에서 다 차지하고서 남은 빛의 조각들이 바닥에 여기저기 흩어지는 정도이다. 두 번째 오해는, 밀림에 들어서는 순간 온갖 동물들이 여기저기서 튀어나올 것이라는 생각이다. 운이 억세게 좋은 날엔 그런 인상을 받을 수도 있다. 하지만 보통은 조용히 걷고, 긴 시간을 투자하면서 차분히 기다려야지만 야생 동물과 만나는 상복을 거머쥘 수가 있다. 수많은 종이 모여 살지만, 동시에 그 안에 수도 없이 많은 먹고 먹히는 관계가 있다는 것을 기억해야 한다. 나무 뒤에 누가 있을지 걱정 안 하고 유유히 다니던 녀석들은 자연 선택에 의해 일찍이 제거되었다.

긴팔원숭이는 내가 연구 대상으로 삼는 종이기 때문에 예외적인 날을 제외하고는 언제나 숲에서 만날 수 있다. 이미 각 그룹의 영역과 이동 통로 그리고 특별히 선호하는 나무를 모두 꿰고 있는 덕이다. 가만히 꼼짝 않고 숨어 있으면 찾을 도리가 없지만, 이들도 먹고 살아야 하기 때문에 움직여야 하고, 그 기회를 놓칠 우리가 아니다. 긴팔원숭이를 제외하고 가장 자주 보는 동물은 다른 영장류이다. 이 숲에는 은색 털의 수릴리(Surili)와 검은색 털의 루뚱(Lutung)이라는 두 종의 랑구르원숭이가 산다. 이 원숭이들은 긴팔원숭이와 마찬가지로 나무 위에서 살기 때문에 우리의 탐색에 혼돈을 일으키는 존재들이다. 나뭇가지에서 움직임이 보여 반가운 마음에 쫓아갔다가 볼일이 없는 원숭이라는 걸 깨닫고 실망한 적이 한두 번이 아니다. "얼쩡거리지 말고 어서 저

리기!" 손사래를 치지만 정작 이 녀석들은 자신들이 목표물이라는 착각에 빠져 요란스럽게 도망을 친다. 팔로 나뭇가지를 휘감으면서 전진하는 긴팔원숭이의 부드러운 동작과는 달리, 한 곳에서 다른 곳으로 점프를 하는 식으로 이동하는 이들의 움직임은 부산스럽기 짝이 없다. 게다가 하나같이 걱정스런 표정의 얼굴을 하고 있어 꼴사납게 줄행랑치는 모습이 그리도 해학적이다.

정글의 동물 주민들은 제각각의 개성대로 존재감을 과시한다. 라투파라는 이름의 거대 다람쥐는 말 그대로 세계에서 가장 큰 다람쥐이다. 몸길이가 약 50센티미터, 꼬리까지 합하면 1미터도 넘는 놈도 있다. 가장 기가 막힌 건 이들이 내는 소리이다. 처음 들었을 때 나는 누군가가 전자 오락기를 숲으로 들고 들어왔다고 생각했다. 꼬마들이 좋아하는 레이저 광선총의 발사음과 너무나도 흡사한 소리가 동물의 입에

서, 그것도 다람쥐의 입에서 나올 줄은 상상조차 하지 못했다. 형태 자체가 남다른 것이 특징인 종도 있다. 한 번은 나의 수석 연구 보조원인 아리스와 숲을 탐험하다가 희한한 녀석을 발견하였다. 자신이 발각됐다는 사실에 황급히 나뭇잎 속으로 파고 들어가자, 찾다 못해 답답해진 아리스는 나무를 서너 차례 쥐어흔들었다. 그러자 나무 꼭대기로부터 어떤 동물이 허공에 몸을 던지더니 사지를 활짝 뻗었다. 앞발과 뒷발의 사이를 잇는 핑크빛 살의 막이 활짝 펼쳐졌다. 나는 것은 아니고 기류를 타는 활공 방식으로 움직이려는 것이다. 바로 콜루고라는 동물이다. 우리가 잘 아는 날다람쥐와 비슷한 특성을 갖고 있지만, 포유동물강에서 단 두 종만으로 구성된 데몹테라(Dermoptera)목 소속의 희귀종이다. 등과 머리가 완전히 나무의 껍질을 닮아 가만히 있으면 분간이 불가능하다. 보호색으로 말할 것 같으면 숲개구리도 둘째가라면 서럽다. 워낙 낙엽을 빼닮아서, 어쩌다 발견하면 내가 보았다는 그 사실 자체가 신기할 정도이다. 손바닥 위에 올려놓고 관찰하다 눈앞에 놓아주는 순간, 어디로 갔는지 보이질 않는다. 그 외에도 후다닥 수풀 사이를 널뛰는 이구아나, 형형색색의 열대 조류, 그리고 온갖 곤충과 애벌레들을 어느 길모퉁이에서 마주칠 줄 모르는 것이 바로 밀림 탐험의 묘미이자 멋이다.

하루는 여느 때와 다름없이 나무 위를 보며 긴팔원숭이의 낌새를 탐색하고 있었다. 부스럭거리는 작은 소리 하나면 조용한 숲에서 동물을 추적하기 충분하기에 나는 온 신경을 귀에 집중시키며 한 발짝씩 조심스럽게 내딛고 있었다. 그런데 갑자기 어디선가 엄청난 소리가 수풀을 찢듯이 터져 나왔다. 괴장 히니 보데지 않고, 나는 그 순긴 누군가가 큰 트럭을 몰고 밀림에 쳐들어 왔다고 확신했다. 있을 법한 일이 아니었지만, 믿을 수 없는 굉음을 듣는 순간 내 뇌는 그 소리에 맞는 적법한 대상을 연결 지었던 것이다. 그런데 웬일인가? 거대한 멧돼지 한 마리가 숲의 어둠으로부터 전속력으로 달려 나오는 것이 아닌가. 그것도 우리가 만든 통로를 버젓이 이용하며 마을 방향으로 질주하고 있었다. 대체 무슨 볼일일까?

고된 일과가 모두 끝난 노곤한 어느 날 밤. 나는 언제나와 마찬가지로 마당의 내 자리에 앉아 캄캄한 어둠 속을 바라보았다. 하는 일 없이 여기에 앉아 있길 좋아한다 하여 내 연구 보조원이 '멍 때리는 의자'라 이름 붙여 준 곳이다. 저녁식사로 하고 남은 생선 찌꺼기를 연못 옆에다 버리고, 나는 아껴 둔 위스키 병에서 딱 한 잔을 따랐다. 찌르르 울

리는 풀벌레 소리가 피곤한 팔다리 근육으로 스며드는 것만 같았다. 아직 잠들기엔 이르지만 이제 남은 할 일이라곤 잠밖에 없는 이 시간은, 나에게 하루를 차분히 돌아보며 오늘의 탐험이 가져다준 환희를 조용히 마시는 삶의 여백이다. 슬픈 빛의 백열등 옆엔 날벌레가 삼삼오오 모이고, 그들을 기다리고 있던 게코 도마뱀들이 맑은 눈알을 굴렸다.

검은 그림자 하나가 난간 밑으로 미끄러지듯 나타났다. 잠시 킁킁 냄새를 맡더니 이상 없음을 확인한 듯, 점점 내 앞으로 다가왔다. 생선으로 가는 것이 분명했다. 나는 숨을 죽였다. 어둠의 적막함만이 이따금씩 속삭이는 침묵 속에서, 그림자는 한 발짝씩 조심스레 전진했다. 마침내 달빛이 무대를 밝혔다. 점박이 사향고양이였다. 생선 비린내가 내 채취를 압도했는지, 녀석은 나의 존재를 까마득히 모른 채 내 앞에 앉아 오도독 소리를 냈다. 그러다 갑자기 나를 향해 몸을 돌렸다. 이건 무슨 냄새지? 내 앞 1미터까지 와서야 비로소 깨달았는지, 그제야 냅다 줄달음을 쳤다. 사향고양이가 완전히 모습을 감춘 후에도 난 꼼짝하지 않았다. 나는 그 감동적인 순간으로부터 한 치도 벗어나고 싶지 않았다. 때로는 집에 가만히 앉아 있어도, 탐험은 계속된다. 보이진 않지만 느낄 수 있는 어둠 속 생명의 드라마를 시청하며 난 천천히 잔을 비웠다. 모두들 잘 자거라.

10장

도시

딱 이맘때쯤이었다. 한 2년 전 어느 운치 있는 가을 날, 은행나무 가로수들이 황금빛 소식으로 포근히 덮어 버린 서울의 어느 길을 터벅터벅 걷고 있었다. 나는 고개를 들어 나무의 얼굴을 바라보았다. 떨어지는 잎사귀들의 섬세한 낙하 궤적을 눈으로 따라가며, 공기 속에 출렁이는 그 투명한 운율에 보폭을 맞춰 보고 있었다. 나는 관찰하고 있지 않았다. 그저 음미하고 있었다. 인도네시아 밀림을 탐험하면서 몸에 밴 버릇들이 아직 완전히 가시지 않은 상태였다. 고국에 돌아온 후에도 길을 가다가 부스럭거리는 소리라도 나면 마치 어디선가 야생 동물이 튀어나올 것처럼 신경을 곤두세우곤 했다. 수풀 속의 움직임에 유난히 민감한 것도 여전했다. 하지만 이제는 탐험의 '추적 모드'를 잠시 꺼 두는 법도 알고 있었다. 뭔가를 포착하려 하지 않고, 그저 즐기며 걸을 수 있었다. 오늘이 그랬다.

문득 꺼내 본 전화기에 부재중 전화가 와 있었다. 나는 심각한 전화 진동 불감증이 있는 사람이다. 어찌나 그 떨림이 안 느껴지는지, 못 받은 전화를 다시 거는 데에 대부분의 전화비가 나간다. 물론 절대로 벨소리를 켜 놓는 일은 없다. 웅얼거리는 자장가와 같은 세상의 자연스러운 소리 경관을 거칠게 찢듯이 관통해 버리는 그 맥락 없는 인공음을 참아 내지 못하기 때문이다. 모르는 번호의 장본인은 강연 기획자였다. 내가 강사로 초청된 강연은 「탐험은 사치가 아니다」라는 제목의 시리즈 강연으로, 여섯 명의 한국 과학자 각각의 지구 탐사 이야기를 나누는 내용으로 기획된 것이다. "탐험은 사치가 아니다." 이 제목이 나의 뇌리에 맴돌았다. 그리고는 기억의 전당의 문이 활짝 열리더니, 주마등의 행렬이 쏟아져 나오기 시작했다. 불빛은 밤새 끊이지 않고 내 의식의 창문가를 서성거렸다.

현대인에게 탐험이란 사치로 보일 수도 있겠구나, 나는 순간 깨달았다. 그래서 굳이 사치가 아니라는 변명부터 하면서 얘기를 꺼내야 하는구나. 매일 주어지는 일과 과제를 제대로 처리하는 것만으로도 버거운 현실인데, 무슨 미지의 세계를 전제로 한 탐험이라니? 꿈들 깨십시오! 있는 휴가 다 긁어모아서 어디 관광지 한 번 다녀오는 것도 가능할까 말까 하는 판에. 남들은 매일 뼈 빠지게 일할 때 팔자 좋게 모험을 생활로 한다는 것은, 명품을 위아래로 걸치는 것보다 오히려 더한 사치처럼 보일 공산이 있었던 것이다. 강사진을 살펴보니 우주, 해양, 심해, 극지를 누빈 연구자들, 심지어는 공룡 과학자도 있었다. 과학에 관심을 가진 어린아이의 입장에서 보면 그야말로 환상의 드림팀이었다. 나에게는 인류의 조상인 영장류를 만나기 위해, 밀림을 누빈 탐험가의 역할이 주어진 그런 구성이었다. 그때 처음으로 나는 '탐험의 대변인'을 맡게 되었다. 삶 바깥으로 완전히 나가는 삶, 그것이 왜 더 삶다운지를 말하는 기회를 얻게 된 것이다.

밀림에 발도 들여놔 보지 못한 사람에게 온갖 이국적인 경험으로 가득 찬 이야기보따리를 보란 듯이 풀어놓기란 쉽다. 하지만 귀 기울이는 자를 압도하려는 목적을 가진 무용담은, 화자와 청중 간의 거리감에 의존하기 때문에 결과적으로 소통에 실패한다. 먼 것처럼 느껴지지만, 실은 우리 중 누구나에게 의미가 있을 수 있다는 가능성을 탄생시키는 데 성공하면, 그 대화의 시간은 사람 마음의 한 부분을 작동하는 데 쓰

인다. 누군가의 마음 안에서 단편적인 정보가 고유한 가치로 변신하는 순간. 바로 이것을 진정으로 바라지 않는다면 밀림 속을 걷고 뛰며 야생 동물을 좇던 내 삶을 이토록 길게 늘어놓을 필요도 없으리라.

　현실 속에 파묻혀 지내면서도, 먼 미지의 자연이 신비로운 것은 우리 모두가 실은 양서류이기 때문이다. 물과 뭍 모두를 드나들어야 하는 개구리처럼, 인공과 자연이라는 이 두 가지 세계를 고향으로 둔 생명체들이다. 물과 에너지, 그리고 식량을 공급 받는 문명의 품을 벗어나서는 하루도 생활하기 힘들다. 하지만 동시에 녹색 빛으로 안구를 정화해야 하고 야생의 기운을 갈구한다. 한쪽에만 몸을 깊이 담갔다간 반쪽짜리 사람이 된 것만 같아, 열탕과 냉탕을 왕복하며 체온을 조절

하듯 문명과 자연을 적절히 버무리려 한다. 한쪽 세계에 완전히 안착한 이들도 있다. 합성 소재로만 된 주거 공간에서 평생을 보내는 이도 있고, 아직도 이파리로 적당히 가리고 수렵 채집으로 살아가는 이도 있다. 하지만 우리들 대부분은 양쪽에 두 다리를 걸치고 산다. 이 양다리 자세가 때로는 힘들지만, 인간으로서의 운명이라고 나는 받아들인다. 인공의 세계와 자연의 세계 사이의 인터페이스에 서식하는 존재. 인간.

내가 긴팔원숭이를 연구하고 있는 이곳 인도네시아의 할리문 국립 공원은 보호지임에도 불구하고 여기저기에 나무가 없는 곳들이 있다. 울창한 밀림 대신 동글동글하게 생긴 키 작은 식물들이 옹기종기 심어져 있다. 바로 네덜란드 식민지 시절에 만들어진 홍차 밭이다. 국립 공원으로 지정되기 전에 이미 존재했기 때문에 일종의 특수 농경지로서 그대로 편입된 것이다. 한 치 앞까지만 시야가 미치는 조밀한 정글 안을 누비다가 어느덧 차 밭과 맞닿은 경계에 다다르면, 갑자기 펼쳐진 트인 공간은 신선한 충격으로 다가온다. 한때 울창했던 숲이 이런 단일 품종의 경작지로 전락해 버린 역사를 생각하면 사실 서글프다. 그런데 역설적이게도, 밀림에 이 정도로 인접한 차 밭이 있기에 이 순간 내가 여기에 있는 것이었다. 아예 개발이 되었거나 대규모 촌락이 조성되었다면 밀림 자체가 온전치 않았을 것이다. 아예 아무도 살지 않는 그야말로 처녀림이었다면, 나와 같은 연구자가 긴 시간을 머물며 먹고, 자고, 살 수가 없었을 것이다. 텐트와 식량을 구비해서 얼마 동안 탐사는 할 수 있었을 것이다. 하지만 긴팔원숭이가 나의 스토킹을 허용하는 수준까지 따라다니고, 이를 통해 그들의 행동 및 생태에 대한 자세한 자료를 얻을 수는 없었을 것이다. 적당한 정도의 문명이 흘러 들어와 기본적인 섭생이 가능하다. 적당히 불편한 비포장도로가 꾸불꾸불 놓여 있어 꼭 필요한 물자와 교통만이 왕래한다. 적당한 종류의 인간 활동이 벌어지고 있어 숲과 공존할 수 있다. 그래서 여기에 나의 있음이 가능하다.

　오늘은 정해진 일과를 제쳐 두고 모두가 막일에 동원되는 날이다. 우리 집을 포함한 집 몇 채에 전기를 공급하는 물레방아가 고장이 난 것이다. 강수량이 낮은 건기에는 물이 부족해서 전기 수급에 차질이 생긴다면, 강수량이 많은 우기에는 넘쳐 나는 물의 세찬 흐름이 문제를 일으키기도 한다. 원인을 정확히 알 수는 없었지만, 아무래도 수압을 이기지 못해 바퀴의 한쪽 고정 틀이 풀린 모양이었다. 현장에 남자들이 모이는 곳은 어디나 그렇듯, 담배 연기와 구수한 농담 사이로 보수 작업은 느긋하게 진행되었다. 숲에서 흘러나오는 강의 물길을 조금 조정해서 소형 수력 발전기를 돌릴 만한 무게와 낙차를 발생시키는 것이 열쇠이다. 이 정도의 장치에 가구 한 서너 채가 전선으로 연결되어 에너지 공동 운명체로서 생활한다. 마을 사람들이 쓰는 거라고는 고작 약간의 텔레비전 시청과 어쩌다 트는 오디오이다. 전압이 불안정한데다 안테나 수신이 잘 안 돼서 보통 이런 전자 기기는 애물단지나 다름없는 취급을 받는다. 컴퓨터 작업으로 전기를 쓰는 사람은 마을 전체에서 나 혼자이다. 보통 낮에 충전해서 밤에는 배터리로 사용해야 주민들의 야간 조명에 지장을 주지 않는다. 노트북에 표시되는 잔여 건전지량은 그래서 그야말로 소중한, 유한한 자원이다.

　숲에 바짝 붙어 생활할 수 있게 해 주는 작은 '인프라'는 이것 말고
도 또 있다. 처음에는 이 특별한 공간의 존재를 전혀 알지 못했다. 털보
수컷이 가장으로 있는 B그룹을 찾아 나선 어느 목요일 날, 영문을 알
수 없을 정도로 녀석들의 흔적이 전혀 보이지 않았다. 영역의 넓이가 35
헥타르 정도가 되는 꽤나 넓은 지역을 두 차례에 걸쳐 샅샅이 훑었지
만 털보와 그의 마누라를 찾는 데에는 끝내 실패하고 말았다. 두 번째
수색이 끝난 곳은 우연히도 우리 마을과 조금 떨어진 다른 마을의 도
로변 인근이었다. 녀석들의 영역 가장자리라 할 수 있는 이곳의 구릉지
에 선 한 그루 무화과나무까지 헛되이 살펴보고 나자 우리는 맥이 탁
풀렸다. 나는 털썩 주저앉았다. 오늘은 꽝이구면. 예전에 긴팔원숭이들

을 한창 추적할 때 워낙 허망한 실패를 많이 겪어서 이젠 좀 단련이 된 상태였다. 하지만 몸은 피곤했고 더 이상 뭔가 새로운 시도를 할 마음이 도저히 나지 않았다. 그런데 우연히 마주친 아리스의 두 눈이 이상하게 초롱초롱했다. "저기, 오당 아저씨네로 안 갈래?" 오당은 바로 그 도로변에 가게를 가진 양반의 이름인데, 얘기인즉슨 유일하게 동네에서 맥주를 파는 곳인데다가 전망이 기가 막힌 곳에 손님들이 앉을 수 있게끔 대나무 의자와 상까지 구비해 놓은 위인이다. 이게 웬 떡인가? 몸은 땀에 절고 장화 속의 발은 거의 부패하는 것만 같았지만, 나는 이 갑작스럽게 등장한 오아시스로 뛰어들었다. 긴팔원숭이 세상에서 걸어 나와 채 5분도 되지 않아서, 햇살이 금빛으로 물들이는 차 밭을 바라보며 시원한 맥주 한잔을 기울이고 있었다. 캬~!

금강산도 식후경인데, 이곳 할리문 산자락에 사는 우리라고 다를까. 나까지 포함해서 장성 넷이나 있는 긴팔원숭이 연구팀의 식량 조달은 그야말로 밑 빠진 독에 물 붓기이다. 동네 구멍가게에서 작은 간식거리와 통조림 정도는 살 수 있지만 제대로 장을 볼 수는 없다. 그래서 약 2~3주 간격으로 우리는 숲을 등지고 잠시 문명으로 하산하곤 했다. 보통 주말을 껴서 '읍내 나들이' 일정을 잡았는데, 한참 동안 손도 안 댄 '도시 옷'을 만지면 기분부터 묘했다. 진흙 바닥에 뒹구는 일정을 고려하지 않고 옷을 입는다는 사실이 약간은 신기한 그런 기분. 오랜만에 꺼낸 손목시계의 가죽 줄엔 늘 곰팡이가 허옇게 피어 있어 닦아 없애야 했다. 휘날리는 야자나무처럼 아무렇게나 하고 다니던 머리도 좀 매만지고, 밀림 세상에서는 아무런 쓸모가 없던 돈도 챙겨 간다. 그리고

음악도 빼놓지 않는다. 맨 몸으로 접하는 대자연의 위용과 아름다움이 가장 원천적인 감동을 주지만, 때로는 눈앞에 펼쳐진 절경과 잘 고른 배경 음악의 절묘한 조화가 정녕 인간만의 깊은 예술혼을 자극한다. 일렁이는 밀림의 녹색 향연 속을 달리며 듣기에 좋은 음악으로 나는 모비의 「포슬렌(Porcelain)」, 루시드 폴의 「물이 되는 꿈」, 그리고 보사노바의 거장 안토니오 카를로스 조빔의 모든 작품을 추천한다.

숲으로 들어왔던 그 길을 한참 동안 거슬러 가면 본격적인 인간 세상에 도착한다. 우리의 문명 생활 거점은 보고르라는 도시이다. 세계적으로 알려진 식물원과 대통령 궁이 도시 중심에 크게 자리 잡고 있어 모든 길과 건물은 이를 빙 둘러 배치된 특이한 형태이다. 식물원 입

구와 그리 멀지 않은 곳에 위치한 뿌리 발리(Puri Bali)라는 이름의 민박집이 우리의 도시 보금자리이다. 네덜란드 식민지 시대에 지어진 이 고풍스런 건물은 한때 식물원의 사무실 역할을 했던 역사적인 공간이기도 하다. 뜰에는 위풍당당한 무화과나무 한 그루가 서서 예고 없이 내리는 열대의 소나기 물살이 그 아래 주차된 차에 닿기 전에 완화시켜준다. 실내는 어둑어둑하고 단순하지만 편안하고 아늑하다. 공교롭게도 이곳은 나는 물론이거니와 다른 여러 나라의 영장류학자들도 두루이용하는 공동 숙박 시설 역할을 담당했다. 지나치게 인공적인 현대식건물로 된 보통의 호텔은 숲에 길들어진 이 독특한 무리의 사람들에겐너무 이질적으로 느껴지기 때문인지, 여기에 삼삼오오 우연히 모인 동

료학자들은 한 지붕 아래에서 서로 심심한 격려를 해 주며 소중한 정보를 나누기도 하였다. 벽 틈새에 사는 토케이 게코 도마뱀의 '깍꿍' 소리가 밤새 울려 퍼지도록 우리는 도란도란 이야기꽃을 피웠다.

도시에서 머무는 시간은 보통 고작 이틀, 아무리 길어도 사흘이다. 이 짧은 시간 동안 나는 현금을 인출하고, 크게 한 차례 장을 보고, 늘 고장 나는 자동차를 수리한다. 볼일이 다 끝나고 내일 아침이면 숲으로 돌아가는 것만을 남겨 둔 저녁 시간, 나는 단골 카페로 발길을 돌린다. 이름 하여 '쌀락 선셋(Salak Sunset)'이란 이곳에선, 내가 사는 국립 공원이 안개에 싸인 채 저만치 보인다. 경치가 끝내주는 자리에 앉아 잠시 떠나온 저 숲을 관조하고 있노라면, 원시적 자연과 문명 세계 사이를 진동하는 나의 정체성을 다시 한 번 상기하게 된다. 석양과 야자나무, 칼새와 바람의 조화가 완벽하게 느껴지는 순간에는 문득 문학을 하는 이유를, 작품을 창조하는 마음을 모두 이해할 수 있을 것만 같다. 세상에 속하지만 동시에 세상 밖으로 삐져나와 버린, 인간의 애잔한 노랫소리가 저녁 하늘에 울려 퍼지는 것만 같다.

숲 속 생활을 몇 주간 지탱해 줄 식량과 이를 요리하는 데 쓸 가스통을 싣고 우리는 집으로 돌아온다. 한 번씩 도시에 갔다 올 때마다, 생존에 필수적이진 않아도 삶에 필요한 그런 물건들도 조금씩 딸려 온다. 누구는 새 모자, 누구는 새 티셔츠를 각자의 짐에서 주섬주섬 꺼낸다. 해적판 음악 CD나 헤어 왁스, 라이터 같은 물건도 종종 공급된다. 나는 주로 읽을거리를 장만하는 쪽을 택했다. 수도인 자카르타까지 갈 여유가 있는 경우에는 양질의 외서를 구입해 우리 집의 도서관을 한 권

씩 늘리는 재미를 즐겼다. 인간 세계에 대한 그리움을 잘 달래 주는 매체는 단연 잡지이다. 나는 남성 잡지《GQ》를 한두 권 사와서 일 년이 넘도록 쪼개서 읽곤 했다. 넥타이를 혁대에 닿을락 말락하게 매야 한다든가, 양말 없이 구두를 신으라든가 하는 패션 기사를 읽고 있으면, 거의 외계 세상에 대한 얘기처럼 정신이 환기되었다.

고립감과 외로움이 있는 생활이었지만, 다행히도 우리는 서로가 있었다. 도시든 정글이든, 사실 장소가 중요한 건 아니었다. 일로 인해 결성된 팀이었지만, 우린 금세 가족이 되었다. 허전함과 무료함은 어느 세계에서나 없을 순 없었고, 뭔가 쌓였다 싶으면 우리는 우리만의 잔치를 열어 모든 걸 시원하게 날려 버렸다. 동네 닭 중 가장 시끄러운 놈을 잡

도시

고, 마침 손님이 있으면 누구든 초대했다. 바나나 잎사귀를 접시 삼아 손으로 밥을 집어 먹으며, 저물어 가는 태양 속으로 모든 근심 걱정을 연소시켰다. 그러다 보면 내일이, 다시금 찾아왔다.

11장

고생

삶은 생로병사라 하지 않았던가. 아무리 사는 모습이 제각각이더라도 인생, 그거 절대로 만만치 않다는 말 하나는 불변의 진리로 통한다. 원래부터 속성상 힘든 것이 삶인데, 그 중에서도 더욱 고달플 때를 우리는 '고생'이라 일컫는다. 그런데 둘러보면 웬만한 사람은 다 '한 고생'을 하고 있다. 참 고생이 많은 우리들의 가족, 친구, 동료. 일상 언어에서 고생을 이토록 자주 들먹이는 것은 한민족만의 특성이 아닐까? 인사를 할 때에도 거의 악담을 하듯, 헤어지면서 앞으로 "고생하라."는 저주를 거리낌 없이 퍼붓는다. 물론 절대로 그런 의도가 아니라는 것, 오히려 정반대의 마음이라는 것 잘 안다. 하지만 보통 행운을 비는 쪽으로 의미를 담아 인사를 하는 다른 나라의 언어들에 빗대어 보면, 고생에 대한 우리의 집착(?)은 과히 특징적이라 할 수 있다. 그리고 긴팔원숭이를 찾아 머나먼 밀림의 땅으로 탐험을 나선 나 역시 가장 자주 들은 단어도 이것이다. "너 참 고생이겠다!"

말이 나왔으니 망정이지, 나 정말 고생했다. 민망하지만 결국 말하고야 말았다. 말이 나왔다니? 혼자 물어보고 혼자 대답하는 전형적인 북치고 장구 치기 아닌가? 그렇다, 사실이다. 하지만 하소연을 늘어놓기까지 지금껏 기다리며 참았다는 사실은 감안해 줘야 하지 않는가, 나는 볼멘소리로 응답한다. 얼마나 사무쳤으면 이렇게 수년이 흐른 뒤에도 어제 일처럼 생생하게 기억하며 토로하겠는가, 누군가의 너그러운 이해를 나는 진지하게 기대해 본다. 동시에 오해가 없기를 바라는 마음도 절실하다. 무엇인고 하니 힘들었던 시간은 많았지만, 결코 떠올리기 힘들 정도로 아픈 시간은 없었다는 사실이다. 있는 대로 고초를 겪더라도 가슴이 칠흑 같은 어둠에 물들지 않는 이상, 되돌리기 어려운 어떤 깊은 상처를 입지 않는 이상, 힘겨웠던 시간은 어느덧 이야기로 변환된다. 어떤 종류이냐에 따라 고생도 할 만한 게 있고 피해야 하는 게 있다. 당연히 나의 경우는 전자에 해당된다. 인간 때문에 마음의 밤을 지새웠던 적은 있어도, 밀림과 탐험 생활이 나를 어둡게 한 적은 없었다. 덕분에, 모든 것이 나에게도 이제는 이야기이다.

밀림을 탐험하며 야생 동물을 연구한다는 것은 한 치 앞을 알 수 없는 채로 산다는 것을 의미했다. 나도 처음에는 이 말이 무슨 뜻인지 알지 못했다. 원래 뭐든지 성공이 보장되지 않은 상태에서 그냥 해 봐야 하는 것 아니던가. 그러나 과정 중에 생기는 문제나 결과적 실패라도 정확하게 진단할 수 있는 것이라면 그건 수월한 편에 속한다. 어딘가에 지원했다가 낙방하거나, 컴퓨터 오류로 일을 못하고 있으면 열은 받아도 상황은 확실히 인식할 수 있다. 인간의 손길이 미치지 않은 대자연의 성곽 안에서는 인간의 어쭙잖은 지각력을 충족시키려는 노력일랑 가소로울 뿐이다. 정글의 녹색 소용돌이에 휘말린 채 제멋대로 날뛰는 동물을 두고 '상화 파악'을 하기란! 혼란에 질서를 부여해 보려고 좌표도 재고 표시도 하고 가능한 모든 것을 수치화하기도 하였다. 하지만 그러면 그럴수록, 나름대로 자연으로부터 읽어 낸 이 '체계'가 어딘가 꼴사납고 억지스런 느낌이 들었다. 나의 '기록'이 정말 '기록'일까? 일단 동물이 뭘 하는지 봐야 하는데, 이 복잡한 곳의 대체 어디에 서서 어디를 쳐다봐야 동물을 볼 수나 있는 것인지? 가장 기본적인 시야 확보조차 힘든 과업이었다. 긴팔원숭이가 이 나무에서 저 나무로 갔다. 말

은 쉽다. 하지만 한 나무가 어디에서 시작해서 어디에서 끝나는지도 분간이 쉽지 않았다. 뭐든지 엉켜 있는 게 기본인 열대 우림은 이런 단순한 명제를 가소롭게 만들어 버린다. 무엇보다 나의 연구가 제대로 진도를 나가고 있기나 한 건지를 확실히 알 수 없는 것이 가장 답답했다. 후. 긴팔원숭이가 한마디만 협조했었더라면! 가령 내가 제법 잘 쫓아오고 있다는 둥 말이다. 하지만 녀석은 나무 꼭대기 위에 무심하게 앉아 하늘만 쳐다보고 있을 뿐이었다.

　이 시점에서 정글 속을 다닌다는 것이 정확히 무엇을 의미하는지 구체적으로 묘사하고 넘어갈 필요가 있다. 밀림은 말 그대로 생명으로 꽉 찬 곳이다. 살아 있거나 한때 살았던 것으로 빽빽이 채워진 공간. 서로 타고 기어 올라가고, 머리끄덩이 붙잡고 매달리고, 얽히고설켜 꼬이고 끼고, 한마디로 엉망으로 다 함께 모여 사는 세상이다. 자리와 햇빛 경쟁에 여념이 없는 식물들 사이로 온갖 동물들의 저잣거리가 펼쳐진다. 식물들이 구축하는 삼차원적 구조가 크면 클수록, 복잡하면 복잡할수록 밀림의 총 생물량도 함께 늘어난다. 같은 공간이라도 지탱 가능한 삶 그 자체가 많아지는 것이다. 그러면 역설적이게도, 밀림 속을 돌아다녀야 하는 나의 삶은 고달파진다.

식물이 몸을 지탱하는 방법은 크게 두 가지이다. 자신의 힘으로 일어서거나 다른 물체에 의지하는 것이다. 이럴 때 요긴하게 쓰이는 것이 바로 가시이다. 뾰족한 가시는 물론 식물의 자기 방어 기능도 갖지만, 여기서기에 걸리면서 매달려 자라게 해 주는 중요한 역할도 담당한다. 그래서인지, 열대 우림에서는 온갖 종류의 가시 식물이 가는 곳마다 즐비하게 채워져 있다. 나의 연구지인 인도네시아 서부 자바에서는 특히 라탄(rattan)이 가시 식물계의 황제로 군림한다. 튼튼하고 아름다운 바구니 재료로 유명한 라탄의 섬유질은 사실 가시를 다 걷어 낸 속살에 해당된다. 자연 상태에서는 수천 개의 시커먼 가시를 번뜩이며 그야말로 악마적인 위용을 자랑한다. 장미의 가지와 비슷하겠거니 생각하면 큰 오산이다. 길이가 3~4센티미터가 넘는 가시들이 곤두선 머리털처럼 수북이 나 있어, 어쩜 저렇게까지 심하게 나야 하는 건가 싶은 생각마저 들게 한다. 종류도 가지가지이다. 양치식물 같은 모양으로 땅에 얌전히 서 있는 형태가 기본이다. 여기에 가시가 확실히 업그레이드된 버전이 있고 몸통이 전체적으로 굵어진 종도 있다. 꽤 굵은 줄기가

고생

곡선을 그리고 올라가면서, 좌우로 가시 이파리를 펼치는 타입이 가장 골치 아픈 라탄이다. 특히 중심부 줄기를 둘러싼 무시무시한 바늘 장갑은 보기만 해도 섬뜩하다. 그래도 이것조차 최악은 아니다. 가장 두려운 것은 가느다랗고 긴 실 같은 잎을 뻗는 종인데 너무 얇아 눈에 잘 띄지 않는다. 이렇게 가느다란데도 가시만큼은 튼튼하고 날카롭다. 보통 걸을 때에도 안 보이는 것인데 뛸 때는 완전히 속수무책이다. 달리다가 얼굴 피부가 갑자기 으드득 뜯기면 그때서야 알아차린다. 우리 팀 중 눈이라도 상한 사람이 없는 것이 얼마나 다행인지 모른다.

이렇게 만만찮은 식물로 꽉 막힌 곳을 뚫고 나가기 위해서는 칼을 들 수밖에 없다. 잡초 한 포기도 이유 없이 뽑지 않는 나이지만, 밀림 속에서 운신의 폭을 확보하기로 한 이상 내 앞을 가로막는 녹음은 베어야 한다. 하지만 절대로 닥치는 대로 칼을 휘두르진 않는다. 긴팔원숭이들의 영역을 가장 잘 관통하는 가로, 세로축을 만들고 이를 바탕으로 격자 시스템으로 된 통로를 만들었다. 폭이 1미터 내외로 된 이 좁은 숲 속 복도에만 수풀을 제거하고, 그것도 주로 초본과 가지를 자르는 정도이지 어린 나무를 싹둑 잘라 내는 일은 없다. 물론 경우에 따라 긴팔원숭이가 어이없는 행로를 택하면 무대포로 숲 속을 치고 나가야 하기도 한다. 하지만 대부분의 움직임은 만들어진 길에 붙어서 이뤄지고, 그래서 이 작은 길들의 연결망을 익히는 것이 무엇보다 중요하다. 정글에 비하면 우스운 도심의 길 찾기조차 전자 기기에 의지해야 하는 많은 사람들에겐 퍽 어려울 수도 있는 일이다. 한 번 낸 길이라도 조금만 방치해 두면 숲이 금방 이 공간을 메워 버린다. 몇 주가 지나면 애

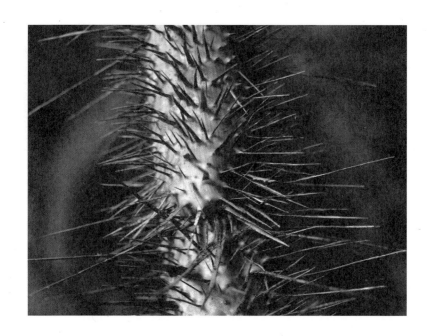

초에 길이 어디에 있었는지 찾을 수도 없다. 이곳에는 숲이 국지적으로 제거된 곳에 잘 자라는 식물이 하나 있는데 현지어로 뜨푸스(Tepus, *Etlingera punicea*)라 부른다. 챙이 넓은 잎이 마치 작은 야자수와 닮았는데 얼마나 빨리 자라는지 밑동을 잘라도 며칠만 지나면 새순이 벌써 고개를 내밀고 있다. 식물의 이런 왕성한 생명력은 그들을 벨 때마다 드는 죄책감을 조금이나마 덜어 준다.

상황이 이렇다 보니 나는 예상치 않게 칼 다루기에 익숙해졌다. 육중한 철기로 뭔가를 벤다는 것이 얼마나 어려운 것인지, 나는 수만 번의 칼질을 통해 진하게 깨달았다. 가늘어 보이는 식물 줄기라도 정신을 집중하고 팔에 힘을 주어 시원하게 그어 내려야 잘린다. 대충 딴 생

각하며 칼을 다루었다간 목표물이 안 잘리는 건 물론이고 사고가 나기
십상이다. 단단한 것일수록 오히려 마음먹고 전투에 임하기 때문에 힘
은 들어도 위험은 덜하다. 여물지 않은 덩굴 같은 것은 고정되어 있지
않아 타격점을 잡기가 어렵고, 그래서 칼질을 보조하느라 다른 한 손으
로 식물을 붙잡고 자르다 피 보는 일이 많다. 어떤 때는 가시 식물이나
억센 덩굴에 호되게 당하는 바람에 분노를 참지 못하고 그 식물에게 처
절한 복수를 하기도 한다. 정말이지, 식물에게 그토록 화가 날 수 있다
는 사실을 나는 여기에 와서 처음 알았다. 이성을 잃은 칼질은 그러나,
결국 나에게 해가 되어 돌아온다. 괜히 화풀이하다가 오히려 추가로 부
상을 몇 번 당한 후 나는 울며 겨자 먹기로 인내하는 법을 배웠다. 반대

고생

로 팔이 아플 정도로 칼질을 해야만 할 때도 있다. 남자 서너 명이서 안아도 모자랄 큰 나무가 갑자기 쓰러질 때가 있는데, 그것이 하필 우리의 길 위로 엎어지는 불행이 닥치면 이 잔해를 치우느라 때로는 하루종일 노동을 해야 한다. 중력과 반대 방향으로 위를 향해 뻗은 가지의 모양은 참으로 고결하고 아름답지만, 갑자기 그 부위가 눈높이에 수평으로 누워 버리면 그야말로 아수라장이 따로 없다. 온갖 각도로 뒤틀리고 꺾이고 갈래갈래 뻗은 나뭇가지는 가장 헤치고 나가기 어려운 자연 장애물이다. 햇빛을 포착하기 위해 잔가지들이 공간을 얼마나 충실히 메우는지 몸소 체험하게 된다. 그럴 때면 우리는 영락없는 나무꾼이 되어 칼로 도끼질을 해서 간신히 통과할 길을 만든다. 선녀 대신 모기들이 땀방울마다 모여든다.

탐험하는 인간들만 고생하는 것은 아니다. 누구보다 밀림 전문가들인 긴팔원숭이들에게도 힘든 순간이 있다. 멀쩡한 줄 알고 착지한 나무가 알고 보니 썩은 부위라 아슬아슬하게 넘어질 때도 있다. 한 번은 A그룹의 아가씨 긴팔원숭이인 아스리가 부러진 나뭇가지 때문에 그 무시무시한 라탄 가시 식물 위로 떨어진 적이 있었다. 얼마나 아팠을까! 보는 내가 아찔할 정도였다. 그래도 아스리는 별 소리 내지 않고 몸에 박힌 수십 개의 가시를 차분히 입으로 제거했다. 지혜로운 속담에서 지적했다시피, 물론 원숭이가 아예 나무에서 떨어지는 경우도 있다. 말이야 쉽지, 긴팔원숭이가 공중곡예를 하고 있는 걸 보고 있노라면 설마 하는 생각이 자연스럽게 든다. 그런데, 설마는 긴팔원숭이도 잡는다. 때는 2008년 6월 6일, 그날 추적 중이던 D그룹은 경사진 지형을 수차례

오르락내리락하고 있었다. 유난히 따라다니기 힘든 곳에 영역을 둔 이 녀석들을 놓치지 않으려고 우리 팀원 네 명은 전부 넓게 퍼져서 위치를 잡았다. 관찰이 성공적으로 이루어지고 있던 평화도 잠시, 반대편 계곡에서 나무가 심상찮게 술렁거렸다. C그룹이 나타난 것이다. 침입자를 감지한 D그룹의 수컷 도노는 얼른 전선으로 달려갔다. 가장 위치 선정이 좋고 가장 빠른 연구 보조원인 아리스가 가장 먼저 도노가 있는 나무 바로 밑에 도착했다. 쌍안경을 들고 녀석을 포착하려는 순간 도노가 옆 나무를 향해 도약했다. 우지끈! 착지한 나뭇가지가 부러지는 소리와 함께 허공에의 하강이 시작됐다. 한 손에는 아직도 나뭇가지의 조각을 붙들고, 나머지 한 손은 필사적으로 지푸라기라도 잡으려 휘저었

다. 그러나 아뿔싸, 그 긴 팔에도 잡히는 것은 아무것도 없었다. '쿵' 하는 소리와 함께 도노는 추락했다. 떨어지는 긴팔원숭이와 수직선상 아래에 있던 아리스는 "긴팔원숭이가 떨어진다!"라는 외침과 함께 재빨리 옆으로 몸을 던져 화를 모면하였다. 경사면에 떨어진 도노는 때굴때굴 구르더니 이내 멈추고는 황급히 고개를 두리번거렸다. 곧 정신이 드는지 가장 가까운 나무를 타고 쏜살같이 올라갔다. 그날 우리는 정신적 '트라우마'를 겪은 이 녀석 뒤를 쫓느라 죽을 고생을 다 했다.

긴팔원숭이를 쫓아 탐험을 하던 첫해에는 단 한 번도 피를 보지 않는 날이 없었다. 어딘가에 찔리든, 찢기든, 아니면 내가 스스로에게 상해를 입히든 성하지 못했다. 반창고 하나로 충분한 날도 있었지만, 거의 전쟁 부상자처럼 누더기가 된 날도 있었다. 경사가 지지리도 나쁜 D그

룹을 추적하다 그만 라탄의 가시밭 양탄자가 깔린 경사면에 앞으로 넘어진 것이다. 달리는 중이었고, 장갑은 없었고, 발이 순간적으로 뭔가에 걸려 몸을 보호할 새도 없이 그대로 가시덤불을 온몸으로 껴안았다. 중세 무기처럼 생긴 이 가시 덩어리를 손으로 잡으면, 그로 인한 물리적 아픔보다 그토록 무시무시한 물체를 내 피부로 감쌌다는 사실이 순간 정신적 충격으로 다가온다. 물리적인 손상이 덜하면 생화학적 요인들이 날 괴롭혔다. 원인을 알 수 없는 피부병이 도져서 온몸이 차마 남에게 보여 줄 수 없는 지경으로 벌게지기도 했다. 이미 맛이 간 피부 위에 모기와 쇠파리는 피뢰침 같은 입을 꽂기 바빴고, 거머리는 나의 혈액으로 몸을 살찌우고 있었다. 특히 공포스러운 대상은 송충이이다. 종에 따라 그 북슬북슬한 털에 살짝이라도 닿으면 극심한 가려움이 촉

발되는 경우가 있다. 도저히 견디기 힘든 격한 가려움이지만, 이에 굴복
해서 조금이라도 긁으면 긁은 만큼 회복의 시간이 기하급수적으로 후
퇴하는 가려움. 목록은 계속 추가된다. 한 번은 각자 흩어져서 긴팔원
숭이를 찾던 중 늪에 빠진 적이 있다. 처음 발을 담갔을 때는 별것 아니
라고 느꼈지만 몇 발자국 더 내딛고는 정신이 혼비백산이 되었다. 주변
에 아무도 없는 후덥지근한 밀림 한가운데에서, 걸쭉한 갈색 물질 속으
로 점점 빨려 들어가는 그 기분. 그렇다, 이제는 모두 이야기꺼리이다.
그때 연구 보조원이 무전기로 물어 왔다. "어디 계신가요?" 망연자실
한 나는 대답했다. "나, 그냥 여기서 죽게 내버려 둬라." 모두가 아직도
떠올릴 때마다 킬킬거리며 웃는 대목이다. 물론 나도, 웃는다.

12장

친구

바나나 잎이 부드럽게 펄럭이는 어느 고요한 오후, 삶과 세월은 차분히 익어 가고 있었다. 햇볕과 바람은 한데 어우러져 서로 친근한 장난을 쳤고, 논둑 옆을 흐르는 냇가에서는 물방울들이 돌에 첨벙첨벙 부딪히며 까르르 웃었다. 흙도 고운 알갱이를 또렷이 드러내며 공기와 속삭였다. 한낮 동안 잘 데워진 시멘트 마당엔 오늘도 개미들이 줄지어 가며 바쁜 척을 떨었고, 무심한 고양이는 바로 옆에서 또 한 번의 낮잠을 청하고 있었다. 딸랑딸랑. 천장 가까이 매달아 놓은 철제 장식품이 금속만의 청아한 음색을 흩뿌렸다. 오늘의 기대가 충족되고도 아직은 내일을 준비하지 않아도 되는 하루의 편안한 틈새 속에서, 미물과 사물은 이렇게 공존함을 그저 관조하며 시간 속을 함께 흘러가고 있었다.

나는 나무를 바라보고 있었다. 수를 다 헤아릴 수 없는 잎이 저마다 조금씩 다르게 달려 있고 조금씩 다르게 움직인다. 그러면서도 그 움직임의 자유는 어떤 범위 안에서 벌어지도록 제한되어 있어 한 나무라는 틀 안에 모이면 통일된 아름다움을 나타낸다. 폭풍이 들이닥치기 전, 곧 다가올 거센 날씨의 징조를 드러내 주는 나무의 몸동작을 보라. 굵은 가지나 기둥일수록 흔들리는 폭은 좁지만 가장 기본적인 동선을 긋는 안무를 맡고, 얇은 가지나 이파리일수록 이 동력학에 지배를 받지만 중심부가 경험하지 못하는 말단의 자유를 누리며 파르르 떤다. 한곳에 뿌리로 고정되어 있기 때문에 바람에 활처럼 나부끼는 이 춤이 나올 수 있는 것이다. 박혀 있되 움직임이 허락된 신세. 땅 밑의 나무는 끝없는 갈증을 적시고 몸을 세우기 위해 결의에 찬 듯 단단하고 고집스럽다. 땅 위의 나무는 빛을 맞이하고 바람과 대적하지 않기 위해 성실

하면서 유연하다. 가만히 있지만 절대적으로 정적이지 않은 나무의 잔잔한 미세 움직임의 군무만큼 눈을 두기에 편안한 것이 없고, 보아도 보아도 지루하지 않은 것이 없다. 여기에 견줄 수 있는 게 있다면, 비슷한 방식으로 감상할 수 있는 잔디밭이나 들판, 그리고 수만 가지 파도가 함께 일렁이며 만드는 바다 정도이지 않을까.

　과학을 약간 곁들인 미학적인 관점을 적용하면 열대 우림 전체를 보며 이와 비슷한 무용 또는 구성 예술을 관람할 수가 있다. 수십 미터 위로 쭉쭉 뻗은 굵은 나무들이 직선적 요소가 주가 되는 기본 테마를 구축한다. 온갖 덩굴이 이 거대 식물들 사이의 간격을 잇는 횡적인 요소를 추가한다. 여기에 몸을 부지할 수 있는 곳이라면 어디든 달라붙어

친구

사는 착생 식물이 점과 덩어리를 부여하고, 한없이 갈라지며 미세하게 분화하는 잎과 가시는 다양하고 장식적인 성분으로 작용한다. 그리고 여기저기 찍힌 붉은 열매. 밀림은 칸딘스키의 작품을 대할 때와 유사한 지각력의 적용을 가능케 한다. 하지만 이런 조형적 아름다움보다 더 중요하고, 열대 우림의 정체성과 더욱 밀접한 감상 포인트는 따로 있다. 가만히 있는 듯하지만 끝없이 움직이는 나무처럼, 울창하고 견고한 이곳이 사실은 끊임없는 재생이 벌어지는 공간이라는 점이다. 빛과 물이 풍부한 생육 조건 때문에 밀림은 그 어느 곳보다 식물 생장이 빨리 일어난다. 동시에 죽음도 도처에 널려 있다. 가장 위풍당당한 나무도 하루아침에 쓰러져 무대를 퇴장하고, 그렇게 만들어진 빛의 틈으로 조연들이 스포트라이트 경쟁을 벌인다. 잘린 가지에서는 어느새 새 잎이 돋아나고, 돌아보면 어느새 시들어 있다. 모든 것이 쑥쑥 자라고, 모든 것들이 죽어 아래에 켜켜이 쌓인다. 수분과 영양 물질, 무기물의 빠른 순환으로 열대 우림은 매순간 가쁜 숨을 몰아쉰다. 짙은 흙 밑엔 생명의 심장 박동이 진동하고 녹음마다 활기의 땀이 맺혀 흐른다. 열대 우림은 지금 한창인 생명 활동의 현장이다. 열대 우림은 젊음이다.

젊음. 머리를 딱 때리는 단어다. 누구나 하는 얘기처럼 이 단어가 '한때'를 의미하기 때문인가? 젊음이 우리 사이에 회자될 경우 대부분 과거의 특정 시기를 뜻하고 따라서 필연적으로 상실과 결부된다. 사무엘 울만은 젊음이란 육체의 나이가 아니라 마음가짐이라고 일찍이 얘기했건만, 젊은 세대는 물론 나이 들어 가는 어른들에게도 이런 지혜는 이제 별 의미를 갖지 않는 듯하다. 젊음이 요원한 이유 중 한 가지는 우리가 젊음에 둘러싸여 살지 못하기 때문이다. 새것은 많다. 새로운 재료와 기획으로 만들어진 사물, 사업, 사건은 많다. 그러나 지금 새롭기 때문에 자동적으로 이미 내일이면 하루만큼 낡은 것이 된다. 새로움을 생산하는 만큼, 딱 그만큼 낡음도 생산되는 것이다. 그래서 젊음은 상태가 아닌 것이다. 잠시만 유지되는 순간적인 개념과는 정반대로, 꾁 지속될 수 있어야 비로소 젊음인 것이다. 다른 말로 하면 젊음은 생명의 생리이다. 적어도 의욕이 넘치고, 풋풋하고, 왕성한 생명의 생리이다. 새것이 강조되기에 실은 노쇠와 권태로 둘러싸인 채 사는 우리들에게 젊다는 것의 진정한 에너지와 개념이 와 닿을 리가 없다. 그러나 열대 우림의 넘쳐 나는 젊음 한가운데에 있으면 그 어떤 노화 작용도 영원히 멈추고 생명이 끝내 승리할 것만 같다.

긴팔원숭이를 탐험하는 나의 정글 생활에 한층 더 젊은 기운을 불어넣어 준 사람들이 있었다. 바로 나와 동고동락한 세 명의 연구 보조원들이다. 그동안 자주 등장했던 수석 보조원인 아리스는 야생 동물 연구 베테랑으로 가정까지 꾸린 명실상부한 어른이다. 이 친구도 누구 못지않게 끓어오르는 젊음을 간직한 사나이지만, 워낙 유능하고 노련하고 어떤 상황에서도 당황하는 기색이 없어 우리 팀의 젊은 피라기보다는 동료로서 나의 가까운 친구가 되어 주었다. 나머지 두 명인 누이와 싸리는 그야말로 때 묻지 않은 인도네시아의 젊은 청년들이다. 숲과 동물이 아니었다면 도저히 만날 수 없었던 이 순수한 영혼의 소유자들 덕분에 나는 나이와 국적을 잊은 채 웃고, 울고, 어울렸다.

연구의 가장 초창기 답사 차 이곳 구눙할리문 국립 공원에 처음 발을 들여놨을 때부터 누이는 우리와 인연을 맺었다. 이름이 한국말로 하면 여동생을 의미한다는 말에 시원한 웃음을 지었을 때부터 나는 그를 점찍어 두었었다. 누이는 국립 공원에 레인저로 근무하는 삼촌을 따라 연구 초소에 놀러 왔다가 우리를 만났다. 무슨 일에든 쾌활한 성격과 배우려는 자세, 적극적인 사회성이 같이 일하기 그만이었다. 매우 독실한 이슬람 신자인 누이는 성지인 메카를 향해 하루에 다섯 번 절하는 일도 절대로 빼먹는 법이 없었는데, 숲에서 동물을 추적할 때에는 건너뛸 줄도 아는 현실 감각과 유연성도 있었다. 처음에는 요리사 겸 연구 보조원으로 고용을 했었다. 어차피 둘 다 필요한 마당에 동시에 두 가지 업무가 가능하다고 하니 얼씨구나 하고 결정했던 것이다. 하지만 어느 저녁 시간 밥상에서 아리스가 국을 한 숟갈 떠먹더니 하는 말. "얘는 그냥 숲에서만 일하도록 하자." 그 이후로 누이는 국자와 냄비를 놓고 숲을 종횡무진 누볐다. 사실은 요리를 그렇게 즐기는 편은 아니라는 얘기도 언젠가 실토를 받은 기억이 있다. 뭐, 맛있게 한다고 한 적은 없고 단지 할 줄 안다고 했을 뿐이니 할 말은 없는 셈이다. 누이는 인도네시아 사람 기준으로도 키가 작은 편에 속했다. 본인의 사회생활에서는 이 특징이 어떻게 작용했을지 모르지만, 야생 동물을 쫓아 풀숲을 헤쳐야 하는 직업적 요구 조건에 이보다 잘 들어맞는 신체는 없었다. 게다가 누이의 다리는 웬만해서는 지칠 줄을 몰랐다. 내가 거의 거품을 물 지경에 이르러도 누이는 여전히 전진할 수 있었다. 그리고 일이 끝나고 집에 돌아와서는 빙그레 웃으며 기타를 연주하고, 영어 단어 몇 개를 묻고 외우고, 조용히 앉아 코란을 읽어 내렸다. 다음 날도, 그

친구

197

다음 날도, 누이는 늘 한결같았다.

　막내 연구 보조원인 싸리는 누이의 사촌 동생이다. 형과는 정반대의 성격을 가진 이 친구는 말이 없고 대체 무슨 생각을 하는 건지 가늠키 어려운 표정의 소유자이다. 가만히 허공을 응시하는 눈이 어떤 때는 마치 화가 잔뜩 난 사람 같았다가, 또 어떤 때는 나비를 감상하는 강아지 눈망울 같기도 했다. 나의 긴팔원숭이 연구팀에 합류할 의사가 있는지를 물어보기 위해 만난 첫날도 싸리는 자신의 개성에 충실한 모습을 보여 줬다. 고용이 되기 위해 그 순간만이라도 잘 보이려는 노력 따위는 조금도 하지 않았다. 모든 질문에는 단답형으로 응수했고, 짧아진 대화 덕분에 길어진 침묵의 시간은 먼 산 쳐다보기로 채울 뿐이었

친구

다. 싸리를 우리에게 소개한 누이는 물론 곁에서 그냥 웃고만 있었다. 일할 마음도 옳게 없는 녀석을 잘못 끌어들이는 건 아닐까 불안한 마음으로 근무가 시작되었지만, 이런 우려는 이내 씻은 듯이 사라졌다. 그야말로 단순 담백한 싸리는 성격에 복잡하거나 꼬인 것이라곤 하나도 없었다. 시키는 일은 묵묵히, 모든 임무는 말없이, 아침이 되면 터벅터벅 걸어오고 일과가 끝나면 터덜터덜 돌아갔다. 노상 한 가지 티셔츠만 입어 구멍이 옷을 아예 점령을 해 버려도 전혀 문제없었다. 단순한 성격과는 달리 싸리의 눈은 의외로 날카로웠다. 워낙 먼 산에다 연습을 많이 했던 덕인지, 싸리는 복잡한 나무 수풀 속으로 숨은 동물도 찾아낼 수 있었다. 그럴 때도 별다른 설명은 없었다. 그저 "있어요."라 할 뿐.

나무 위의 질주 본능인 긴팔원숭이에게 그나마 대적할 수 있었던 것은 바로 이 두 젊은이 덕분이었다고 해도 과언이 아닐 것이다. 그들의 지칠 줄 모르는 체력과 잡티 하나 없는 건강한 마음에 나의 연구는 많은 빚을 진 셈이다. 그런데 탐험과 추적이 끝나고 숲 밖에서 함께 보낸 시간에서 나는 이 두 친구를 더욱 인간적으로 접하는 즐거움을 누렸다. 뭐든지 열심인 누이는 바로 그 점 때문에 사랑이 고달프다는 것을 나는 알았다. 윗마을에 찍어 둔 여자가 있다는 얘기가 나오기가 무섭게, 누이는 벌써 뭔가를 행동으로 옮기고 있었다. 인생의 선배이자 여자라면 일가견이 있는 아리스가 아낌없는 조언을 해 주었다. 애야, 여자들은 너무 서두르면 안 된단다. 긴가 민가 한 그 기간이 참기 힘든 건 알지만, 끓어오르는 호기심에 섣불리 뚜껑을 열어 봤다간 그나마 있던 것마저 통째로 사라진다는 깊은 진리를 알려 주었다. 하지만 바로 며

친구

칠 뒤 숲에서의 힘든 하루가 끝나자마자, 차 밭 사이로 꾸불꾸불 난 오솔길을 따라 언덕을 올라가는 누이의 뒷모습을 멀찍이서 볼 수 있었다. 인니어로 고백한다는 표현은 '쏜다'라는 뜻의 단어인 'tembak(뗌박)'을 사용한다. 아니나 다를까 누이는 너무 일찍 '쏘고야' 말았다. 힘이 빠진 어깨로 돌아온 누이의 얼굴에는 실망의 표정이 역력했지만, 그 특유의 쾌활함을 완전 정복할 만큼은 되지 못했다. 비록 평소만큼 맑고 환하진 않았지만, 누이는 여전히 미소 지을 수 있었다.

싸리의 순진함은 늘 놀림감이 되곤 했다. 깊은 산속 마을에서만 자라 바깥 세상에 대해선 아는 게 거의 전무한 터라 질문들이 유난히 신선하고 새삼스러웠다. "한국에도 당연히 오랑우탄 있죠?" "아니, 오랑우탄이 사는 곳은 지구 전체에서 너희 나라와 말레이시아뿐이란다." "네??" 싸리는 자가용 승차가 익숙지 않아 연구용 차량에 가끔 탈 때마다 멀미에 시달렸다. 본인이 그토록 궁금해 하는 도시에 가고 싶어도 어지러움과 메스꺼움 때문에 참아야 할 지경이었으니 알 만하지 않은가. 특히 여자에 관해서라면 이 친구는 정말이지 아무것도 몰랐다. 누군가 '여자'라는 단어를 내뱉기만 해도 몸을 비비 꼬고 히죽히죽 웃을 뿐이었고, 조금이라도 야한 쪽으로 이야기가 전개될라치면 호기심과 괜한 두려움에 어쩔 줄을 몰라 했다. 싸리를 재미있게 해 주는 일은 나에게 가장 쉬운 일이었다.

어느 날 나는 연구 보조원들에게 파격적인 제안을 했다. 동물원에 가자! 모두들 동물원 구경을 한 번도 못 해 봤다는 사실을 언젠가 듣고 적지 않은 충격을 받은 적이 있었다. 다시 말해 태어나서 한 번도 사자,

기린, 얼룩말, 낙타 등을 본 적이 없었던 것이다. 이들이 본 동물이라면 가축이 아니고선 모두 야생 동물이었다. 싸리의 멀미를 무릅쓰고 우리는 먼 길을 달려 자카르타 동물원에 도착했고, 온갖 동물을 처음 보는 반응은 과연 어떨까 하는 흥미로움을 안고 나는 이들과 함께 들어섰다. 그런데 누이와 싸리의 반응은 의외로 시큰둥했다. 초반에 나온 코끼리와 곰 정도는 좀 보는 것 같더니 이내 지쳐 모두들 동물원 벤치에 널브러져 낮잠이나 자는 게 아닌가! 갇힌 동물은 아예 동물로 치지도 않는 것일까?

헤어진 지 수년이 지난 지금도 나는 이들을 떠올리며 하늘을 바라본다. 그렇다. 그런데 같이 있을 때도, 난 이들이 그리웠다. 인도네시아에 있던 당시에 가족과 공유하던 인터넷 게시판에 난 이렇게 썼었다. "아리스, 누이, 싸리. 난 이들과 함께 있는 게 참으로 행복해. 이들에게도 우리와 마찬가지로 인간으로서의 한계가 물론 있지만, 한국에서는 경험할 수 없는 또는 매우 귀한 투명한 인간성과 마주할 수 있거든. 어쩌다 술 한잔 하거나, 같이 노래를 부르거나, 함께 바비큐를 할 때에, 혼잣말로 이렇게 중얼거려. 참 난 너희들을 사랑한다."

13장

—

관계

하늘 높이 쑥 날아올라 새의 눈높이에서 아래를 내려다본다. 대지는 인간이라고 하는 한 가지 종의 동물로 가득 차 있다. 한마디로 득실거린다. 저렇게 잔뜩 모여 바글거리는데, 저 수많은 개체들 사이에는 온갖 종류의 관계가 복잡한 거미줄처럼 쳐져 있겠지, 생각한다. 생물이란 원래 한데 모아 놓으면 뭔가가 일어나는 법. 작은 시험관 안에 초파리를 여러 마리 잡아 가두어 놓으면 그 안에서 싸움도 일어나고 교미도 일어난다. 끝없이 몰려다니는 인파가 저토록 꾸역꾸역 비좁게 사는 걸 보면, 사람의 세상에서 관계 맺기란 너무나도 쉽고 자연스런 일처럼 보인다. 적어도 위에서 보기엔 그렇다. 아래로 하강 비행을 해 땅에 착지하는 순간, 그 생각이 틀렸다는 걸 단번에 깨닫게 된다. 다들 어딜 그렇게 가는지, 발 디딜 틈 없이 부산스런 서식지이지만 대부분의 사람들은 대부분의 사람들을 그냥 지나친다. 웃고 떠드는 이도 물론 있다. 개중에는 전화기에다 큰소리로 말하며 어딘가 다른 곳에 있는 타인과의 관계를 뽐내는 이도 있다. 하지만 군중의 절대 다수는 말없이 전진하며, 사회 경제적으로 서로 약하게 연결되어 있는지는 몰라도, 하나의 생물로서는 서로 무척 무관하다.

같이 살되 아무 관계도 없는 것. 이것은 생물에게 낯선 개념이다. 생태계라고 하는 자연의 생활 시스템에서는 보통 여러 종이 적절한 수로 존재하고, 터전을 공유하는 다른 종과 얼마간의 관계를 맺고 살아간다. 더군다나 같은 종이라 하면 늘 잠재적인 경쟁 또는 교미의 상대로서, 서로 위협 또는 번식의 가능성을 내포한다. 동종의 개체끼리는 언제나 서로 유의미한 존재이다. 종에 따라 만남 자체가 어려운 경우도 있다. 망망대해를 유영하며 짝을 찾는 고래는 멀리까지 전달되는 음파로 알 수 없는 상대에게 대화를 시도한다. 많은 동물이 내는 울음소리나 노래는 여러 다른 기능에 우선해서, 일단 나와 같은 종의 동물을 파악하는 데 사용된다. 말하자면 이런 것이다. 나 참개구리야. 너 참개구리니? 물론 하나의 음성 신호에는 이보다 훨씬 많은 정보가 담겨 있다. 하지만 의사소통의 가장 기본은 의미 있는 상대를 발견하는 데에 있다.

야생에서도 군중은 존재한다. 곡식을 쑥대밭으로 만들며 이동하는 메뚜기 떼, 저녁 하늘에서 펼쳐지는 찌르레기의 군무도 있다. 그러나 자연에서 발견되는 그 어느 집단도, 인간의 줄기차고 일관된 얼굴 없는 군상에 비견되지 않는다. 우리는 매 순간 동종에 둘러싸여 지내면서도, 동시에 그 중 절대 다수와 아무런 관계도 갖지 않는 지구상의 유일한 생명체이다. 우리가 사는 생태계를 단일 종 체제로 전락시키고 그 종의 개체 수는 무한 증식시키는 두 가지의 악수를 두면서 제일 먼저 증발해 버린 것이 있다. 바로 관계이다.

딱딱한 도심 속을 걷는 나는 행인과 가로수 모두로부터 동떨어져 있다. 특히 그 중에서도 가로수와 소원하다. 거기에 앉은 까치하고도. 그 밑에 돋아난 풀하고도. 관계의 진공 상태가 당연한 우리네 세상과 가장 대척점에 놓인 곳을 하나 꼽으라면 주저할 것 없이 열대 우림이다. 열대 우림은 실타래처럼 꽁꽁 얽힌 관계의 도가니이다. 단순히 많이 모여 있지 않다. 많이 있되 그 있음이 복잡다단하다. 종의 수가 많은 만큼 관계의 수도 많다. 서로 먹고 먹히거나 싸우고 교미하는 직접적인 관계에서부터, 씨앗이나 꽃가루를 퍼뜨리고 굴을 파 주거나 물질을 순환시키는 간접적인 관계까지 연결의 양상은 다양하다. 어차피 생물이 산다는 것은 다른 생물에게 의지하는 것이라는 간단한 진리가 고스란히 드러나는 곳, 이 생물의 연(緣)이 모이고 모여 탄생하는 생명력의 폭발이 바로 열대 우림이다. 그래서 이곳에 들어가면 더 살아 있게 느끼게 되는 것이다. 생명의 대축제에 초대된 영광과 환희이다.

오랜만이다, 얘들아! 나는 아침 일찍 마주친 A그룹을 향해 인사했다. 연구 초창기부터 가장 협조적이고 가장 추적하기 무난했던 이 긴팔원숭이 가족은 친척을 만나는 것과 비슷한 반가움을 준다. 확실히 알수는 없지만 이들도 우리를 알아보는 눈치이다. 수컷은 우리를 물끄러미 쳐다보며 제 볼일을 보고, 아직도 두려움을 완전히 떨치지 못한 암컷은 아기를 데리고 우리와의 거리를 유지한다. 나의 정글 에피소드에서 자주 등장하는 이 A그룹의 젊은 처녀 아스리는 마치 사람이 반가운 듯 힘차게 나뭇가지 사이를 뛰어다닌다. 첫 번째로 향한 목적지는 중심 계곡 근처에 난 무화과나무. 벌써 사흘째 같은 나무에서 아침 식사를 하는 바람에 온 숲을 헤매지 않아도 쉽게 찾을 수 있었다. 냠냠 쩝쩝. 뭔가에 쫓기기라도 하는 듯 급한 손놀림은 최대 분당 30번의 속도로 과일을 따 먹는다. 말이 과일이지 직경이 1센티미터도 채 되지 않는 작은 열매이다. 같은 무화과 종류라도 열매가 배만 한 것도 있다. 이런 탐스런 크기의 과실이라면 긴팔원숭이들도 여유를 가지고 천천히 즐길 줄 안다.

오늘의 이 아침 밥상은 정확히 말하자면 나무가 아니라 나무에 엉겨 사는 덩굴 식물인 리아나(liana) 형태의 무화과이다. 열대 우림의 식물상은 우리에게 익숙한 온대림과는 달리 착생 식물이 매우 발달되어 있다. 말 그대로 다른 식물에 붙어서 사는 종류이다. 이 중 리아나는 보통 길쭉한 선형 구조로서 나무의 기둥으로부터 가지가 갈라지는 부위에 마구 엉켜서 자라난다. 리아나가 심하게 엉킨 나무를 보면 대체 어디서부터가 나무이고 나무가 아닌지 구분하기가 무척 어렵다. 또 다른 형태는 땅에 뿌리를 내리지 않고 자신보다 큰 나무의 껍질에 달라붙어 사는 종류인데, 접촉 부위에 생겨난 공간에 고이는 빗물과 끼어서 썩는 유기물을 비료 삼아 살아간다. 줄기와 가지에 붙어 있는 '승객' 식물의 무게를 이기지 못하고 나무가 아예 쓰러져 버릴 때도 있다. 때로는 이런 착생 식물이 숙주에 해당되는 나무를 집어삼켜 버리기도 한다. 가장 대표적인 예는 이름 하여 '목 조르는 무화과(strangler fig)'이다. 처음에는 작은 착생 식물로 시작했다가 점점 커져서 급기야는 나무를 완전히 뒤덮어 정복한다. 결국 나무는 죽고 이를 둘러싼 무화과의 목질만 남아 안이 텅 빈 탑처럼 다소 기괴하면서도 멋진 구조물이 탄생한다. 나는 이것을 보자마자 스페인의 건축가 안토니오 가우디가 바르셀로나에 지은 사그라다 파밀리아(Sagrada Familia) 성당을 연상했다. 그만큼 멋과 웅장함과 예술미가 있다. 사람의 눈에는 절대로 보여 주지 않는 식물 간의 이런 슬로모션 씨름은 밀림의 삼차원적 구조를 더욱 분화·발전시켜 준다. 다른 말로 하면, 숲을 복잡하게 만들어 준다. 복잡하다 보면 여기저기에 틈새가 생기고, 틈새는 보금자리가 된다. 곧 가지각색의 입주민들이 이 주거 단지에 살림을 꾸린다.

오늘따라 녀석들이 유난히 부스러기를 흘리면서 식사 중이다. 뉘 집

비숲

자식들인지 저렇게 칠칠맞지 못해서야. 긴팔원숭이는 우리보다 엄지
가 훨씬 짧아 물건을 세밀하게 집는 능력은 시원찮다. 땅에 툭툭 떨어
지는 이 소중한 음식의 허실은 안타깝기만 하다. 하지만 자연은 얼핏
낭비처럼 보이는 현상조차 관계 속에서 지혜롭게 활용하는 노하우를
보유하고 있다. 나무 꼭대기에 달린 음식은 원숭이나 새와 같은 동물
들에게는 누워서 떡 먹기이지만, 땅에 사는 동물들에게는 그림의 떡이
다. 깔끔하게 먹는 대신 못 배운 애들처럼 마구 흘리면서 식사하는 나
무 위 동물들 덕택에 손이 닿지 않은 자원이 지상으로 분배된다. 한창
열매가 열린 나무에 온갖 종이 한데 모여 식사하기도 하는 이유가 여기
에 있다. 원숭이들이 한참 밥 먹는 중인 나무 밑에 덩치 큰 코끼리가 점
잖게 기다리는 경우도 있다. 물론 원숭이들이 '아랫것들'에게 아량을

베풀어 주려는 선량한 의도로 하는 짓은 아니다. 의사가 아니라 삶의 방식으로 관계가 맺어져 있는 것이다. 낭비에만 이런 생태적 기능이 있는 것은 아니다. 망각은 자연이 자주 활용하는 포인트 중 하나다. 나중에 활용하려고 도토리를 땅에 묻는 다람쥐가 간혹 가다 곡식 창고의 주소를 잊는 바람에 씨앗이 먹히는 대신 발아에 성공한다. 나무는 고마워하지 않고, 다람쥐는 바라지 않는다.

벌써 30분이 지나도록 식사가 끝날 줄을 모르자 나는 아예 자리를 펴고 주저앉았다. 긴팔원숭이를 추적하는 일도 이렇게 가끔씩은 쉬어가는 코너가 있다. 갑자기 옆 나무에서 움직임이 포착되었다. 설마 다른 그룹이 여기까지? 이 지점은 식사 중인 A그룹의 영역 안으로 꽤 들어온 곳이라 그럴 가능성은 희박했다. 아니나 다를까, 은빛 랑구르원숭이가 모습을 드러냈다. 숲 여기저기서 보이는 녀석들이지만 대체 긴팔원숭이 바로 옆 나무에서 뭘 하는 것일까? 주저주저 하면서 울상을 짓고 있는 놈을 보고 있자니 그 이유를 알 것 같았다. 자기도 무화과 열매를 먹으러 온 것이다. 다만 이렇게 줄이 길 줄 몰랐던 모양이다. 자신보다 덩치가 크고, 팔도 (당연히!) 긴 긴팔원숭이를 쫓아낼 순 없었는데, 기분 좋은 아침밥을 생각하고 왔다가 영 실망한 형국이다. 무화과나무에 닿을 만큼 길게 뻗은 가지에 앉아 실제로 몸을 앞으로 기울였다가 물러났다가 하는 형상은 심한 내적 갈등과 배고픔에 시달리는 생물의 모습 그 자체였다. 줄이 줄어들 생각을 안 하자 이 녀석은 포기를 하고 가버렸다. 같은 은빛 랑구르원숭이라 해도 개체마다 다르다. 다른 한 녀석은 끝까지 알짱거리다가 혼쭐이 나기도 했다. 점잖게 물러난 앞의 친구

와는 달리 고집스럽게 붙어서 기회를 엿보자, 위쪽에 있던 수컷이 펄쩍 뛰어 내려와 팔로 픽! 가격을 하는 게 아닌가! 사람이 머리 때리는 동작과 다를 바 하나 없는 한 방이었다. 꽥 소리를 지르며 추락하는 랑구르원숭이에겐 다행히 날개가 있었다. 복잡한 삼차원 구조의 밀림 어딘가에 걸려 비명횡사는 면한 것이다.

덩치가 큰 편이고, 비교적 안전한 나무 위에서만 사는 긴팔원숭이에겐 이렇다 할 천적이 별로 없다. 하지만 여전히 마음을 완전히 놓을 순 없다. 호랑이가 멸종해 버린 인도네시아 자바 섬에서 남아 있는 가장 사나운 맹수는 표범이다. 직접 만나기는 하늘에 별 따기이지만, 발자국과 긁은 흔적 그리고 똥을 통해서 그 존재를 알 수 있다. 표범의 분변을 수거해서 분석한 논문이 수년 전 발표된 적이 있는데, 긴팔원숭이의 뼈도 몇 개나 발견되었다고 한다. 즉, 분명히 먹히긴 하는 것이다. 일본 연구진이 카메라 트랩, 즉 움직임을 감지하는 센서가 달려 있어 자동으로 동물의 사진을 찍는 무인 카메라를 설치해서 조사를 벌인 적이 있다. 포착된 사진에는 빛나는 두 눈으로 카메라 렌즈를 노려보는 표범의 모습이 또렷하다. 그런데 사진 아래 찍힌 시간을 보니 오후 4시 55분이다. 가만, 이건 내가 숲에 있는 시간이잖아? 갑자기 혼자가 아니라는 기운이 엄습한다. 내가 정말로 누군가의 먹이가 될 수도 있다는 직접적 가능성은 문명이라는 안전장치에 찌든 영혼에게 신선한 짜릿함을 선사한다. 나를 압도할 수 있는 존재의 기운에 둘러싸여 산다는 것, 어쩌면 가장 원시적이면서도 숭고한 인간의 삶의 조건이 아닌가 생각해 본다.

거대 포식자에 대한 이런 감상에 긴팔원숭이들이 동조할 리는 없다. 아무리 가끔 나타나더라도 매일 매 순간 그들의 출연 가능성을 전제로 한 경계 생활을 철저히 몸에 익혀야 한다. 운 좋게도 나는 바로 그런 '스릴'의 순간을 목격한 적이 있다. 긴팔원숭이 어른은 해당이 없지만, 아이일 경우에는 매우 위협적인 존재인 검독수리가 나타난 것이었다. 이번에도 주인공은 역시 A그룹, 어느 계곡 부근에서 온 가족이 뿔뿔이 흩어져 (늘 그렇듯) 유유히 밥을 먹고 있었다. 그때 검은 그림자가 소리 없이 미끄러져 왔다. 예고도 소리도 없는 공격이 잘 든 칼날처럼 수풀을 갈랐다. 날개 길이가 족히 3미터는 돼 보이는 검은 독수리가 놀라울 정도의 저공비행을 하며 아기 긴팔원숭이 쪽을 향하고 있었던 것이다. 한 번도 들어 보지 못한 종류의 울음소리가 계곡에 울려 퍼졌다. 수컷의 신호에 맞춰 눈 깜짝할 사이에 온 가족이 그 나무로 모여 독수리를 향해 꽥꽥 소리를 질렀다. 찰나의 차이로 실패한 검독수리는 귀찮은 듯 고도를 높여 빠져나갔다. 긴팔원숭이 가족은 숨을 몰아쉬었다.

정글 이웃 간의 다양한 관계를 바라보고 있노라면 드는 생각이 하나 있다. 긴팔원숭이와 가장 많은 시간을 함께 보내는 이종(異種)이 있다면 바로 우리인데, 과연 그들과 우리는 어떤 관계일까? 긴팔원숭이가 있는 나무 바로 밑에 찰싹 붙어 쫓아다녔지만, 거리를 좁혀 만질 수도 없었고 만져서도 안 되었다. 영장류와 사람은 인수공통 전염병을 서로 옮길 수가 있기 때문에 접촉을 피하는 것은 영장류 연구자의 가장 기초 윤리 중 하나이다. 하지만 때로는 이제 정도 든 녀석들과 어떤 상호 작용을 하고 싶은 마음이 드는 것도 자연스러운 이치이다. 언젠가 한 번 젊은 처녀 아스리가 거미를 잡아먹으려 땅에 내려온 적이 있다.

관계

끈적끈적한 거미줄이 털에 묻는 것도 아랑곳 안 하고, 그 큰 걸 우적우적 씹어 먹는 모습을 약 2미터 앞에서 마주 볼 기회가 있었다. 나는 그녀를 보았고, 그녀도 나를 보았다. 서로의 두 눈을 응시할 줄 아는 것, 쳐다봐야 할 곳이 눈이라는 걸 아는 것, 과연 영장류이다.

나무 위에서 하산하지 않더라도 뭔가 주고받을 수는 있다. 한 번은 잠깐 한 눈을 판 사이에 긴팔원숭이가 수십 미터 나무 위에서 떨어뜨린 열매에 맞은 적이 있다. 어찌나 큰 열매였는지 들고 있던 노트를 떨어뜨리고 팔에 시퍼런 멍이 들 정도였다. 그래도 그게 먹다 남은 과일이어서 천만다행이다. 나의 연구 보조원인 누이는 좀 더 축축하고 냄새 나는 것에 당한 적이 있기 때문이다. 철퍼덕! 그때 누이의 표정은 절대로 잊을 수가 없다. 악 소리와 함께 내천으로 달려간 것까지도 말이다. 옆에 물이 있어서 다행이었다. 암 다행이고말고.

14장

여유

하루는 얼마나 많은 일을 해야만 지나가고, 그럼에도 불구하고 또 얼마나 헛되이 보내기 쉬운가. 일상은 손수 처리해야 할 소소한 일들로 가득 들어차 있다. 아침부터 시작되는 씻고 치장하는 일에서부터, 온종일 먹고 돌아다니고 앉았다 일어났다가, 결국 밤에 잠들 때까지 생활은 줄기차게 주의력과 실행을 요구한다. 기분에 따라서 전부 귀찮을 수도 있고, 마냥 행복할 수도 있다. 문제는 실컷 일상 업무를 돌봐도 전혀 표가 나지 않는다는 것이다. 모든 주부가 가장 듣기 싫어하는 말은 "하루 종일 집에서 뭘 했냐."라는 무식한 질문이 아니던가. 열심히 해도 원점인 일상생활, 반복은 지치게 하고 하루 일과는 짐스럽다.

그래서 필요한 것이 생활의 발견이다. 갑자기 루틴을 깨고 평소에 해 보지 않은 일을 시도하는 것도 좋지만 이는 근본적인 해결책이 아니다. 게다가 잘못하면 잠시 맛을 본 어떤 특별한 경험 덕분에 오히려 일상이 상대적으로 초라해질지 모르는 위험이 도사린다. 이보다는 대단치 않은 사물과 광경에서도 정신과 감각의 신선함을 찾고 여유를 얻을 수 있는 능력이 효과적이다. 선반에 늘 꽂혀 있던 책을 갑자기 꺼내 보는 마음, 벽에 언제나 걸려 있던 그림을 오늘따라 응시해 보는 정성. 가장 주목할 만하지 않은 것에 때때로 주목할 수 있는 사람이라면 이 능력의 소유자라 할 수 있다. 누구나 애초부터 이런 능력을 갖는 것은 아니다. 보통은 자신이 살던 세계를 떠남으로써 기존에 누리던 삶을 돌아보고 생활을 재발견할 기회를 얻는다. 현재 속한 곳과 다르면 다를수록 그 간극의 크기 덕분에 묻혀 있던 면모도 고스란히 드러난다. 그러면 당연시 여긴 것들이 더 이상 당연하지 않게 되고, 잃어버렸던 순진함과

설렘을 잠시나마 되찾아 새롭게 보고, 듣고, 느낄 수 있다.

생활을 충분히 돌아보기 위해서는 충분히 먼 곳으로 가야 한다. 가까우면 이미 정의상 제대로 떠날 수가 없는 것이다. 먼 곳이라고 해서 반드시 다르진 않지만, 정말로 다른 곳이 가까운 경우는 드물다. 그런데 장거리 이동에 항공기 이용이 일상화되면서부터 멀리 간다는 것은 거리가 아닌 시간적 개념이 되어 버렸다. 실제 이동하는 거리는 그 어느 때보다 길어졌지만 여행자가 직접 경험하는 것은 기다림, 기다림, 끝도 없는 기다림이다. 창문 바깥을 쳐다봐도 구름은 제자리에 가만히 머물러 있을 뿐, 내가 전진하고 있음을 상대적으로 알려 줄 움직이는 물체가 없다. 정처 없이 공중에 떠다니며 한가로운 시간을 보내다가 어느덧 정신 차려 보면 목적지에 도착해 있다. 그것마저 비행기에서 내려 천편일률적으로 생긴 공항을 빠져나와야 숨통이 트듯 실감할 수 있는 것이다. 떠남에 소요되는 시간뿐 아니라 거리가 중요한 이유는 공간적 경험이 보다 정직하기 때문이다. 시간은 어떻게든 보내고 나면 사라지고, 심지어는 '죽여' 없애는 것도 가능하다. 하지만 공간은 몸으로 직접 통과해야 하며 집이 여기인 한, 간 만큼 똑같이 되짚어 돌아와야 한다. 잠을 자 버리거나 눈 감고 외면하는 것이 가능한 시간적 경험에 비해, 공간적 경험은 보다 확실한 물리적 실재성을 지닌다. 목적지가 저 산 꼭대기라면 내가 서 있는 이 지점에서 그곳까지 한 뼘 한 뼘의 대지를 전부 더듬으며 가야 하는 것이다. 한 발 한 발 디디다 보면 어느 정도의 힘을 들여야 어느 정도 진척되는지 체험할 수 있다. 내 보폭은 얼마인지, 팔을 쭉 뻗으면 어디까지 닿는지 몸소 측정한다. 돌을 밟을까 흙을 밟을까 그때그때 헤아리고 순간순간 결정한다. 솔방울의 알참, 새소리의 액체성이 똑똑히 오감을 타고 들어온다. 인식과 감흥은 촘촘해진다. 그리고 경험은 완전해진다. 권태와 무의미의 짐을 어깨에서 내려놓는다.

　나의 숲 속 일상생활은 소박하고 심플했다. 밀림의 첫 나무들이 시작되는 곳으로부터 채 2분도 떨어지지 않은 곳에 위치한 나의 보금자리는 마을에서 가장 좋은 집으로 여겨지는 건물이었다. 그래 봤자 약간이라도 호사스런 면이라곤 전혀 없는 곳이었다. 벽은 시멘트 하부구조 위에 얇은 나무판자가 세워져 있었고 바닥은 마감재 없이 회색 시멘트가 그대로 노출되어 있었다. 몇몇 곳은 나름의 바닥재가 깔려 있

기도 했다. 식탁은 조악한 장판 위에 놓여 있었고, 침실 세 곳 중 두 곳
은 '카펫'이 바닥을 덮고 있었지만, 공사장 주위를 두르는 값싼 펠트 재
질의 파란색 인조 섬유일 뿐이었다. 외벽은 약간의 노란 빛깔이 감도는
미색이, 문과 창틀은 초콜릿 갈색이, 그리고 기둥과 처마 밑은 노란색
페인트가 칠해져 있었다. 정문으로 들어가면 정면에 거실과 방 하나,
오른쪽에 방 둘, 왼쪽에 식당과 부엌 그리고 화장실이 있었다. 화장실
은 숲으로부터 연결한 호스로 물이 공급되는 유일한 공간이라 세면과
목욕뿐 아니라 설거지 및 빨래방으로도 이용되었다. 정문 바로 바깥에
는 지붕이 드리워진 베란다와 같은 공간이 있었는데 여기가 실질적인
거실 역할을 했다. 내부에도 소파 세트까지 구비된 거실이 있었지만 이

　의자들이 희한하게 반인체공학적으로 만들어진 탓에 편안하게 노닥거리긴 어려운 공간이었다. 비바람이 몰아치는 날이 아니면 우리는 대부분 이 앞마당에 널브러져 수다를 떨었다. 열대 지방이지만 고도가 높은 바람에 딱 적당한 온도의 산들바람이 불어왔고, 햇빛에 달궈지는 바닥의 온기와 절묘하게 만났다. 졸음은 말없이 찾아와 읽던 책을 손에서 살포시 떨어뜨렸다.

　화창한 날에는 앞마당에 집안 식구는 물론 주변 동물들도 다 모여 휴식을 즐겼다. 식구라 하면 나와 연구 보조원 둘(하나는 마을에 있는 부모님 집에서 지냈다.)뿐이었다. 하지만 시간이 갈수록 이 마당 모임은 조금씩 커졌다. 언제부터인가 고양이 한 마리가 우리 집안의 일원이 되겠다는 일념 하에 백고초려를 했고, 그 노력과 끈기에 탄복한 나는 끝내 거두지

않을 수 없었다. 도루라는 이름의 이 암고양이는 문 앞 신발 매트에 게
으른 자세로 누워 있기를 좋아했다. 얼마 지나지 않아 도루에게 연정을
품은 검은 수고양이 한 마리가 툭하면 집으로 들어와 데이트 신청을
하곤 했다. 매너 없이 구는 이 녀석이 집안에 마음대로 드나드는 것은
허락하지 않았지만 마당에서 함께 노니는 것 정도는 봐 주기로 했다.
적어도 도루가 성가셔 하는 다른 줄무늬 수고양이가 접근 못하게 하는
역할은 했다. 여기에다 하루도 빠지지 않고 방문하는 옆집 암탉과 줄
줄이 병아리 손님까지 하면 앞마당이 꽉 차곤 했다.

　우리의 의지와 상관없이 미리부터 살고 있던 개미들도 이 앞마당에
줄지어 다녔다. 너무 수가 많아 어쩔 도리가 없는 개미들을 평소에는

그냥 놔두지만, 때로는 너무 난잡하게 사방에 널려 있어 도무지 생활이 불가능할 때가 있다. 그럴 때는 마음먹고 개미 인구 조절 정책을 펴곤 하는데, 워낙 번식이 빨라 그 효과는 채 며칠도 가지 못한다. 개미야 정 정당당한 하숙자라 치면, 앞마당 모임에 늘 끼고 싶어 부산을 떨며 찾 아오는 파리는 제일로 반갑지 않은 손님이다. 그냥 와서 가만히 있으면 모를까, 곧 죽어도 다른 곳 다 제치고 사람의 피부 위에 앉으려 하는 것 이 문제다. 독서를 심하게 방해받은 어느 날 오후, 나는 작심하고 빗자 루로 앞마당의 파리를 후려쳐 잡은 적이 있다. 마침 할 일이 없던 차에 심심하던 나의 연구 보조원 누이는 툭툭 떨어지는 파리 시체를 모아 수를 세었다. 한 시간도 지나지 않았는데 사망자 수는 정확히 116마리 에 달했다. 이쯤에서 나는 멈췄다. 해 봤자 이길 수 없는 싸움이라는 것 을 깨달았기도 했지만, 왠지 꿈자리에 파리 대왕이라도 나타날 것만 같 은 불길한 예감이 들었기 때문이다. 나는 악몽을 무서워하며 잠자리에 드는 사람은 아니다. 하지만 자다 깼더니 커다란 바퀴벌레 한 마리가 긴히 할 말이라도 있는 듯 내 이마 위에 떡 하니 앉은 것을 한 번 경험한 후로는 벌레라면 무슨 일이든 벌어질 수 있다는 생각이 들었다. 그때 반사 신경으로 튀어 나간 손이 이마를 후려치지 않은 게 얼마나 다행 인지 모른다. 바퀴벌레를 잡던 버릇에 하마터면 내 면상과 베개에 참상 을 만들 뻔했던 것이 아닌가.

나의 방은 작고 아담했다. 가구라고는 거의 내 어깨 넓이만 한 책상 과 의자, 무릎 높이의 미니 책장, 그리고 침대뿐이었다. 옷을 둘 곳이 없 어 나는 여행 가방을 서랍장 대신 사용했고, 옷걸이 대신 벽에 못을 박

여유

비숲

아 셔츠를 걸어 두었다. 진열된 모습이 마치 싸구려 옷가게를 방불케
했지만 어차피 벽지도 없는 방에 약간의 색채를 더해 주는 측면이 있
었다. 방 전체에서 전기로 돌아가는 기기라곤 노트북과 작은 스탠드 하
나. 낡은 물레방아로 돌리는 수력발전기의 용량이 모자라 컴퓨터 사용
이 원활치 못했기 때문에 내 방의 전기 사용은 거의 전등 하나에 국한
되었다. 오락거리나 장식품, 편의 설비라곤 아무것도 없는 지극한 단순
함으로 이 방은 나의 보금자리가 되어 주었다. 둥그런 거울 하나와 몇
장의 사진과 편지를 붙인 것 말고는 나는 꾸밈을 보태지 않았다. 도시
로부터 잔뜩 싸들어 끌고 온 물건이 하나 있었는데 바로 침대 매트리스
였다. 원래 이런 시골 방에 있는 종류의 매트리스는 하나같이 물렁한

스펀지라 허리를 작살내는 데 그만이다. 게다가 다음 손님이 오기만을 기다리는 침대 벼룩이 이미 서식하고 있을 확률이 높아 다른 건 몰라도 편안한 잠자리를 위한 채비는 필요하다고 판단해서이다. 차에 비해 훨씬 크고 긴 매트리스 세 장을 차 지붕 위에 겹겹이 쌓고 묶어 몇 시간 동안 산길을 달렸던 그 날을 나는 아마 영원히 잊을 수 없을 테다.

집 밖으로 나가도 갈 데가 없고 집 안에도 특별히 할 것이 없는 제한된 환경이 이 생활의 가장 큰 특징이었다. 그건 누구나 마찬가지라고? 천만의 말씀. 문명 세계의 도시에서는 취향과 선택의 문제이지 정말로 '아무것'도 없지는 않다. 기분 전환이나 눈요기를 위해 취할 수 있는 옵션이라는 것이 존재한다. 하지만 정글 옆에 사는 나에겐 생활의 다양성을 추구하는 데에 명확한 한계가 주어졌다. 나는 이 한계가 좋았다. 갑갑할 때도 있었고 벗어나고픈 날도 있었다. 가끔씩 물자를 구하러 도시로 나갈 때 몰아서 이 답답함을 풀기도 했다. 하지만 대체로 나는 하늘에서 똑 떨어져 사는 것처럼 혼자 동 떨어진 이 삶이 마음에 들었다. 여기 이 세상에는 불필요한 연결고리나 끈이라곤 없었다. 핸드폰과 인터넷의 디지털 그물망이 쳐지지 않은 녹색 사각지대, 박테리아처럼 번식하는 정보와 고삐 풀린 자기 중계로부터 자유로운 삶의 성소(聖所)였다. 나에겐 어딜 가나 전파에 잡히거나 인터넷에 접속되어 있음을 확인하고 싶어 하는 이들에 대한 오랜 불만이 있었다. 이들은 마치 산소를 찾듯 디지털 연결 상태를 갈구했다. 딱히 해야 할 일이 있는 것도 물론 아니면서도, 네트워크로부터 이탈한다는 것은 거의 문명을 등지는 것과 동격이었다. 안테나 신호가 약해지면 마치 맥박이 멈추는 것과 마찬가

지로 생명에 위협을 느끼는 듯했다. 이를 적극적으로 하면 '잠수'라 하지 않았던가. 그래서인지 그들은 자신의 이 검은색 심장을 꽉 쥐고 절대로 손에서 놓지 않았다.

화면이 지배하지 않는 이곳에서 나는 여기 사람들처럼 눈앞의 세계에 충실했다. 빈 방을 물끄러미 둘러보았고, 벽에 붙여 놓은 사진을 들여다보았다. 본 책은 또 보고, 바닥에 떨어진 이파리는 주워서 돌리고 쓰다듬었다. 앞마당에 부는 산들바람에 내 다리털이 흔들리는 것을 보다가 눈을 들어 야자나무 잎의 야성적인 움직임에 감탄했다. 끊임없는 벌레의 이민 행렬을 지켜보았고, 음식을 바라보며 식사하였다. 고양이의 기지개를 따라 하고, 물고기가 첨벙거리며 남긴 동심원을 따라갔다. 햇빛이 빨래를 말리는 속도를 목격하고, 달빛으로 박쥐 날개의 실루엣을 분간했다. 나는 진짜 삶을 살았다. 현실은 충분했다. 증강 현실도, 가상현실도, 강화 현실도 모두 불필요했다. 풍요와 연결 속의 빈곤 대신 제한과 단절 속의 자족을 누렸다. 그리고 나는 붓과 색연필을 들었다. 어린 시절부터 나의 것이었던 그림을 다시 그리기 시작했다. 그림의 세계에서는 따라가기 어려운 긴팔원숭이와 어깨동무도 가능하지 않은가?

어쩌다 한 번씩, 정글의 주민들도 색다른 엔터테인먼트가 필요할 때가 있다. 기분이 동할 때면 나의 연구 보조원들이 공손하게 영화 관람을 신청했고, 나도 이에 동하면 시네마를 위해 나의 노트북을 흔쾌히 할애했다. 한국 기준에 따르면 거의 아무런 기술 지식이 없는 나도 이곳에선 유일하게 첨단 장비를 다룰 줄 아는 전문 기사였다. 시네마 타

임이 전격적으로 결정되면 전력 수급이 제법 받쳐 주는 날을 골라, 우리는 커튼을 치고 반인체공학적 소파에 나란히 자리를 잡았다. 도시에서 구한 온갖 해적판 비디오 CD 중 안 돌아가는 것이 많아 나는 정품 구매로 안전성을 기했다. 웬만한 영화는 즐기던 이 친구들은 희한하게도 007 시리즈만은 달가워하지 않았다. 아무 데나 막 다니면서 부수고, 아무 여자나 찝쩍거리고, 임무에 임하는 자세가 진지하지 않다는 것이다. 같은 액션이라도 제이슨 본은 인정하는 걸 보면 아무 기준도 없이 하는 말은 아닌 모양이었다.

어느 날 나는 도시에서 사 온 만화 영화 「라따뚜이」를 공개했다. 대뜸 모두의 얼굴에 실망의 기색이 역력했다. "왜 하필 쥐새끼 나오는 애들 만화 영화를 다 사 왔어요?" 보지도 않고서 그 정도로 거부 반응을 나타내는 것이 의외였다. 그런데 웬걸, 막상 틀어 주니 그렇게 좋아하며 신나 보이지 않을 수 없었다. 굳어 있었던 사내들의 얼굴은 어느새 아이의 웃음이 완연했다. 얼마나 좋았는지 옆집 이웃과 다시 보고, 급기야는 온 동네 주민과 다 돌려 본 것이 아닌가? 남녀노소 할 것 없이 쥐 주방장 이야기는 최고의 영화로 자리매김하였다. 그리고 그것으로 족했다. 우리는 한동안 다른 영화를 보지 않았다. 재미없을까 봐 그랬던 것이 아니다. 삶이, 현실이 충분했기 때문이다.

15장

기록

눈을 뜬 순간부터 오늘이 그 날임을 나는 직감했다. 그 일을 꼭 오늘 해야 할 이유는 없었다. 다만 언젠가는 날을 잡아야 했고, 오늘을 그 날로 지정했을 뿐이다. 아마도 마음속으로 계속 굴리던 일이라 깨어나자마자 생각이 든 모양이었다. 아침 햇살은 얇은 커튼을 무시한 채 뚫고 들어와 벽을 넓게 어루만지고 있었다. 창문 바깥에선 물소리와 새소리의 발랄한 수다가 흘러 들어왔고, 집안에서는 먼저 일어난 이들의 인기척이 부드럽게 감돌았다. 나는 발가락을 꼼지락거리며 잠의 여운을 달콤하게 탐닉했다. 퍽 긴 세월 동안 고단한 나의 몸을 품어 주고 덮어 준 이 침구들이 새삼스럽게 고마웠다. 그래, 이 인자하고 부드러운 섬유에 나를 파묻고 얼마나 많은 밤을 통과했는가. 아직 이곳을 떠나는 날은 아니었다. 시간은 충분히 남아 있었다. 하지만 나는 오늘 몇 가지 것들에게 작별을 청하기로 작심했었다. 남은 기간 동안 어차피 써야 할 생필품과 연구 장비를 제외하고, 숲 속에서 지내는 동안 생겨난 각종 편지, 글, 메모, 사진 등을 정리하기로 한 것이다. 누군가가 내게 보내 준 것도 있고, 나 혼자 끼적인 것도 있다. 모두 내가 밀림의 세계와 씨름하고 사랑하던 삶의 조각이 하나씩 담겨 있고, 나의 고독한 시공간에 언어와 의미와 위안을 더해 주었던 것들이다. 그래서 이들과의 헤어짐은 제대로 된 의식을 필요로 했다. 하늘은 높고 공기는 안온했다. 이만하면 좋은 날이겠구나, 나는 혼잣말을 했다.

정리는 수월하게 진행되었다. 꼭 소장해야 할 것만 제외하고 대부분 버리기로 결심한 이상 나는 그 기준을 주저함 없이 과감하게 적용시켰다. 사실 버린다는 표현은 적절치 않다. 알 수 없는 어느 매립지에서 뒹

굴게끔 그냥 휴지통에 넣을 수는 없었기에 나는 이들을 태우기로 결심했다. 읽고 또 읽은 편지, 나의 시선에 닳아 버린 사진, 나는 이들을 한국으로 가져가고 싶지 않았다. 여기 이 땅에 묻고 싶었다. 한때 새것으로 빳빳했던 자태는 어느새 열대의 온기와 습기로 풍화 작용을 거쳐 이제는 옛 탐험가의 유물처럼 바래고 낡아져 버렸다. 벽에 붙여 놓은 뒷면에 곰팡이가 눌러 앉은 것들도 있었다. 하지만 이런 물리적 노화 때문에 이 소중한 마음의 기록들을 두고 가려는 것은 아니었다. 야자수가 바람에 출렁이고 안개에 휘감긴 숲이 우뚝 선 이곳에서 나와 함께하였기에 이 대지와 떼어 놓을 수가 없었던 것이다. 나의 기억과 그리움과 더불어 이곳에 머물러야만 했다. 어쩌면 나를 대신해서 여기와 영원

히 하나로 남길 희망했을지도.

　헤어지기 전, 하나하나 자세히 보고 있자니 깊은 곳에서 조용한 소용돌이가 이는 것이 느껴졌다. 이러다가는 아무것도 할 수 없을 것이 확실했다. 무관심한 듯 쓱쓱 보며 인사하는 수밖에 없었다. 헤어짐이란 건 원래 그런 것이었다. 옆구리에 잔뜩 끼고, 성냥갑을 집고, 터덜터덜 걸으며 나는 바깥으로 향했다. 다행히 아무도 없었다. 미소 짓고 싶지 않을 때 사회가 자리를 살짝 비켜 주는 것만큼 고마운 일은 없다. 첫번째, 두 번째 성냥은 바람이 꺼 버렸다. 바람을 등지자 세 번째부터 불이 붙었다. 떨 듯한 반가움에 열어 본 봉투, 친근하고 우아한 손 글씨, 하나둘 산소와 만나 허상처럼 사라지기 시작했다. 비오는 날 우둑하니

응시하던 사진, 심심풀이로 모은 그림 조각들이 까맣게 후퇴하며 연소
되었다. 비가역적인 변화의 작은 무더기 위에는 회색 연기만 아련함처
럼 떠 있다가 흩어졌다. 나는 주위를 둘러보았다. 푸르게 펼쳐진 계단
식 논마다 채워진 물은 잔잔했고, 울창한 밀림은 조용히 호흡하고 있었
다. 멀리서 검고 마른 농부 한 명이 힘겹게 괭이질을 하고 있었지만 아
무 소리도 들리지 않았다. 이곳에서 그동안 내가 살았구나. 너무도 당
연한 이 문장을 나는 몇 번이고 되풀이했다. 아무리 반복에 반복을 거
듭해도, 충분치 않았다.

옛날이나 지금이나 나는 뭘 들고 다니는 것을 싫어했다. 학창 시절
언제나 최소한의 물건만을 지닌 채로 등교했고, 특히 시험 때에는 수성

사인펜 딱 두 자루만 주머니에 꽂고 고사장을 향했다. 유난히 자신감이 넘쳐서가 아니라 더 이상 뭘 본다고 달라질 것도 없다는 생각과 함께, 정말 물건을 지니는 것이 거추장스러웠기 때문이다. 그래서 지금까지도 나는 가방 없이 다니며, 가방을 둘러싼 온갖 수요와 공급의 난리통이 도무지 이해가 가질 않는 사람이다. 세상을 경험하는 데 거치적거리는 사진기도 나에겐 도저히 소지하고 다니기 어려운 물건이다. 적어도 나에게는, 사진을 찍는 순간 그 포착이 삶을 풍성하게 해 주기는커녕 그로 인해 오히려 세상과의 만남이 변질되고 경험치가 감쇠된다. 연구 장비의 일환으로 가져온 카메라와 친절한·방문객의 촬영 기여가 없었다면 정글에서 지냈던 내 생애 가장 특별했던 이 시간이 어쩌면 시각적으로 전혀 기록되지 않았을지도 모른다. 동영상이나 기타 디지털 기기는 거의 언급할 필요가 없을 정도로 나와 무관하다. 이토록 막무가내인 나이지만 글과 그림이라는 고전적인 기록 매체에 대해서는 무한히 호의적이다. 나이로는 옛날 사람이 아니더라도 아날로그적 고집만큼은 스스로 봐도 꼰대다운 데가 있다. 그래서 숲 속 생활을 정리하면서도 일부러 챙겨 들고 온 것이 있는데 바로 한 권의 노트이다. 윌리엄 모리스 특유의 자연 모티브 패턴이 앞뒤를 장식하고, 책등에 훤히 드러난 끈으로 묶여 제본된 이 공책에 나는 밀림 생활의 생각과 사건을 기록하였다. 실제 글의 양은 얼마 되지 않는다. 언젠가 제대로 쓰고 싶을 때 잊지 않기 위해서 메모나 단서로 남긴 것들이 대부분이다. 그래도 불길을 면한 이 한 권 덕분에 지금 이야기꽃을 피울 기억의 재료를 건진 것이 참으로 다행스럽다. 두서없기도 하고, 서로 연관도 적은 그 시절의 파편적인 이야기들이지만 나름 깨알 같은 재미가 있어 들춰 볼 만하다. 주제별로 엮어 보니 콜라주를 연상케 하는 글 모음이 되어 버렸다.

비, 비, 그리고 비

열대 우림에서 생활하는 자는 '비'라는 테마로 산다고 해도 과언이 아니다. 모든 생명과 생태계를 관통하여 흐르는 혈액인 동시에 경험적으로 가장 압도적인 현상이다. 비는 음악을 끄는 대신 연필을 들게 한다. 비를 몸으로 맞고 있으면 하늘의 무자비한 두들김에 어찌할 바를

모르게 되지만, 비를 눈으로 보고 있으면 사물이 분명해진다. 물이 중력에 따라 내려오는 현상일 뿐이지만 물에 닿지도 않은 가슴은 어느새 흠뻑 젖어 기억을 춤추게 한다. 비가 오면 모든 이는 은신처를 찾는다. 아니면 넋이 나간 듯 그 자리에 우두커니 있다. 생명은 그렇게도 물에 의존하면서도 무한히 제공되는 물 앞에서는 대범하지 못하다. 숲에서 동물을 추적하는 행위는 비에 의해서 가장 크게 좌지우지 당한다. 어느 날 긴팔원숭이를 찾아 반나절을 헤매다가 겨우 높은 나무에 몸을 숨긴 녀석들을 발견했다. 그 순간 엄청난 양을 머금고 있다가 마침내 그 천금 같은 물의 무게를 내려놓는 열대의 비가 쏟아지기 시작했다. 털이 달린 짐승이라면 비가 내리는 동안은 절대로 움직이지 않는다. 털은 추위와 열기 그리고 기생충으로부터 몸을 지켜 주지만 젖으면 아무런 소용이 없게 된다. 차가운 빗물에 털이 젖은 동물이 체온 조절에 실패하면 그 날 밤 생명이 위태로울지 모른다. 후드득 소리에 꼼짝 않기로 결정한 동물과 마찬가지로 그들을 연구하는 사람도 별 도리가 없다. 나무 밑에서 아무리 기다려 봤자 얻는 것이라곤 비와 땀이 섞인 흥건함뿐이다. 비는 멈출 낌새가 조금도 없어 나는 어렵게 달성할 뻔했던 하루의 성과를 모두 접고 집을 향했다. 몸무게에 눌려 초콜릿 아이스크림처럼 무너져 내리는 진흙 위를 신들린 듯 미끄러져 달려서 집으로 돌아왔다. 열대 우림의 비는 때로는 고맙고 때로는 원망스럽다. 하지만 언제나 사무치게 아름답다.

가장 험난한 D그룹과의 사투

나는 세 개의 긴팔원숭이 그룹을 따라다니며 연구를 하였다. 그 중에서 맨 마지막으로 합류한 D그룹은 하필이면 지형적으로 가장 험악한 지대를 영역으로 삼은 녀석들이었다. 안 그래도 평지라곤 거의 없는 이곳에서, 유독 D그룹은 밀림의 달동네를 그들의 주소지로 살았던 것이다. 산이 시작되는 지점부터 출발해서 최소 45도 이상의 경사로 쭉 뻗은 비탈길을 네 발로 기어서 엉금엉금 올라가야 했다. 그것마저도 어려운 구간도 더러 있어, 라탄 식물의 속 줄기로 만든 밧줄을 설치해서 암벽 등반 하듯 산을 타야 한다. 정확히 말하자면 D그룹의 영역에도 산꼭대기에 다다르면 평평한 고원 지대가 있긴 하다. 그곳에 오르면 반

대편 능선이 눈에 들어오고, 운이 좋으면 밀림 전역에서 발원하는 긴팔원숭이들의 울음소리가 메아리로 된 합창처럼 울려 퍼지는 공연을 감상할 수 있다. 하지만 보통은 그럴 여유가 없다. 정상은 나무가 얇고 과실 생산성이 낮아 긴팔원숭이가 오래 머무르는 법이 없다. 평평한 곳에서의 행복도 잠시, 녀석은 곧 다시 반대편 산자락으로 내려가고 우리는 따라가야 한다. 한참을 내려가면 얕은 시내가 있고, 거기서부터 두 번째 등정이 또 시작된다. 그것도 쭉 가기면 하면 그나마 낫다. 왔다 갔다, 이랬다저랬다, 그 속은 대체 알 수가 없다. D그룹, 너희들은 D학점이야!

영장류끼리의 줄다리기

점점 겁을 상실하던 A그룹의 처녀 아스리가 드디어 선을 넘은 날이 있었다. 내가 한 명의 연구 보조원과 B그룹을 쫓던 중, 나머지 팀원인 아리스와 누이는 A그룹을 따라가고 있었다. 팀을 나누어서 동시에 두 그룹을 관찰하던 중이었다. 나중에 들은 얘기인즉슨, 아스리가 덩굴 식물의 열매를 먹고 있는 모습을 보고 있자니 수석 연구 보조원 아리스의 장난기가 발동했던 모양이다. 아스리가 손을 뻗어 덩굴을 잡으려 하자 아리스가 잡아채서 일부러 멀어지게 한 것이었다. 낚시질 하듯 이 짓을 몇 번 했더니 뿔따구가 난 아스리는 지지 않고 덩굴을 위로 잡아끌었다. 말 그대로 인간과 야생 동물 간의 힘겨루기가 벌어진 것이었다. 아리스 말에 의하면 젊은 암컷이라 해도 역시 긴팔원숭이의 힘이 결코 만만치 않았다고 한다. 누이도 해 보겠다고 나섰지만 키가 작아 펄쩍 뛰어도 덩굴에 손이 닿지 않았다는 후문이다. 그것도 서로 겨우 5미터 정도 떨어진 거리에서 팽팽한 줄다리기를 했다는데, 이런 명장면을 놓친 것이 어찌나 아쉬운지 모른다. 상호 아무런 이득도, 뚜렷한 원인도 없는 이 갑작스런 종 간 기 싸움을 과학은 과연 어떻게 설명할 수 있을까?

정글 아가의 이름 짓기

우리가 당도하기 한참 전부터 인도네시아 밀림에서 살던 긴팔원숭

이들에게 이름을 붙여 주는 행위는 어딘가 주제넘게 느껴지는 구석이 있다. 녀석들이 언제 이름이 필요하다고나 했나? 하지만 새로 태어난 아기에 대해서는 마치 어떤 선험적 권리라도 있는 양, 우리는 진지하게 고심해서 이름을 짓곤 했다. 이름은 항상 그룹의 철자로 시작하도록 지었는데, 이는 국제 야생 영장류학계에서 통용되는 관행이기도 하다. 내가 목격한 첫 출생인 B그룹의 아기는, 호칭부터 부르는 인도네시아어의 관례에 따라 아기(Bayi) 꿈꿈(Kumkum)이라 이름 지었었다. 불행히도 꿈꿈은 이후에 사라져 버렸는데, 다음에 태어난 아기는 나의 성을 따라 아기 김김(Bayi Kimkim)이 되었다. 이런 영광을 누렸으니 나는 이제 여한이 없다. 몇 년 전에 나온 A그룹의 신생아는 긴팔원숭이 연구의 든든한 후원 기업인 아모레퍼시픽을 따라 아모레(Amore)로 작명하였다. 이 글을 쓰고 있는 현재, 아모레의 동생이 태어났다는 경사스런 소식이 들어왔다. 어미에겐 묻지도 않고, 최재천 교수님과 연구진은 또다시 A로 시작되는 이름을 물색하여 구름을 뜻하는 아완(Awan)이라고 지어 주었다. 마치 조부모라도 된 기분이다.

'공중' 화장실

지정된 장소가 나타날 때까지 생리 현상을 극심한 고통을 감내하면서까지 참아야 하는 인간의 팔자는 얼마나 고단한가. 동물이야 어디든 편하게 화장실로 쓰지만, 긴팔원숭이는 한 걸음 더 나가 어느 높이에서나 볼일을 본다. 두 팔로 대롱대롱 매달려 수십 미터 높이에서 내보내는 배설의 기쁨에는 남다른 '맛'이 있지 않을까 한다. 하늘로 뻗은 나무의 긴 가지는 이들에게 영락없는 공중(空中) 화장실이다. 워낙 높이에서 떨어지다 보니 중간에 부딪히고 흩어져서 우리는 하루에도 몇 번씩 대피하느라 정신이 없다. 이들과 동행하다 보면 인간도 같은 곳에서 실례를 할 수밖에 없다. 소변은 쉽지만 대변은 간혹 당혹스럽다. 휴지가 없어 대신 나뭇잎을 여러 장 따서 써 본 나로서는 이 곤란함을 잘 알고 있다. 조언 한마디 하자면 연하고 어린잎을 골라야 한다는 점이다. 에헴.

나무 위의 매너

손가락질만 잘못해도 크게 실례할 수 있는 인간 세계에 익숙한 우리는 이런 인간 중심적 관점을 자연에 투영시키기가 쉽다. "저런 건방진 자세를 취하다니!" 긴팔원숭이를 보면서 가끔 하는 얘기이다. 하지만 이들은 우리의 고리타분한 예의범절에 아무런 관심이 없고, 대신에 융통성과 센스로 그들의 나무 위 생활을 구가한다. 아주 굵은 것을 제외하고 나뭇가지의 폭은 긴팔원숭이 한 마리가 앉을 만한 크기이다. 그래서 누군가 앉은 곳 너머로 가고자 하면, 말 그대로 넘어가야 한다. 여기에는 남녀노소 아무런 거리낌이 없다. 서로 건너뛰고, 널뛰고, 올라가고, 넘어가고. 잘 한다 잘 해 소리가 절로 나온다. '남편'이 '아내' 머리 위로 태연히 발을 들어 올려 지나가도 괜찮고, 앞 '사람'의 어깨 위에 발을 걸쳐 놔도 문제없다. 구애받는 것 없이 좋은 자리를 찾아 벌렁 퍼져 즐기는 이들의 삶을 보고 있노라니 참으로 부럽기 그지없구나.

긴팔원숭이의 방송 출연

우연찮은 기회에 나의 긴팔원숭이 연구는 브라운관에 데뷔할 기회를 얻었다. 「지구촌 네트워크 한국인」이라는 프로를 위해 촬영팀이 방문한다는데, 도착하고 보니 일인다역의 PD 한 명뿐이었다. 우리는 무거운 카메라를 짊어지고 밀림의 구석구석을 누비며, 긴 세월 동안 발품을 팔아 닦아 놓은 숲의 노하우를 카메라 렌즈 앞에 펼쳐 주었다. 문명과 단절된 채로 살다가, 느닷없이 문명의 눈초리를 정면으로 마주하고 있자니 기분이 묘했다. 지극히 혼자였고 고독했던 나의 이야기가 고국의 불특정 다수에게 건네진다는 그 엄청난 비약이 그때도, 지금도 나는 비현실적으로 느껴진다. 어쩌면 나는 그 간극 속에 남고 싶은 것인지도 모른다. 어떤 중간 세계에 머물면서 '긴 팔'을 뻗어 인간과 자연 모두와 닿고 싶다. 일생의 선물 같은 이 시간을 떠올리며 글을 쓸 때면 늘 차오르는 생각이다. 홀로 됨과 나눔의 사이에서.

16장

여행

숲이 익숙한 자에게 도시는 슬픈 곳이다. 이곳의 일관된 테마는 비자연이다. 건축과 토목의 군림 아래 생명 현상은 철저하게 주변부로 밀려나 있거나 아예 제거되어 있다. 도로와 거리에 광폭한 움직임은 많지만 살아 있음이 느껴지는 동작은 없다. 이 단단한 시멘트층 아래 어딘가에 촉촉한 흙이 있겠지, 상상으로 자연을 끄집어내 기억해야 한다. 인공 물질로 꼼꼼히 덮여 버린 땅의 유일한 숨구멍은 가로수 밑동 언저리의 지극히 협소한 공간. 이마저도 때로는 철골과 담배꽁초로 막혀, 나무가 목만 겨우 내밀 수 있을 만큼만 틈이 허용된다. 가지를 조금만 잘못 뻗쳤다간 한순간에 댕강댕강 잘려 능지처참 수목 신세로 전락한다. 숲의 바닥에 떨어졌으면 산짐승의 소중한 먹이가 될 열매들이, 발아의 가능성이 전무한 매끈한 보도블록 위를 구르며 행인들의 발에 으깨진 쓰레기가 된다. 대지에 영양 물질을 재순환시키는 낙엽도 바보처럼 아무 구실도 못하며 길 위를 방황한다. 이 역시 얼른 치워져야 할 단순 찌꺼기일 뿐. 잠깐, 야생 동물의 털 같은 것이 눈 끝에 걸린다. 젠장. 누군가가 걸치고 지나간 모피일 뿐이다. 자신들이 버린 오물을 먹는 비둘기들에게 그들은 역겹다는 듯 경멸의 눈초리를 보낸다. 생물 다양성의 흔적 따위는 눈을 씻고도 찾아볼 수 없다. 이런 쓸 데 없는 생각 자체를 버리는 수밖에 없다. 그냥 걷고 또 걸어야 한다. 묵묵히, 아래를 보며.

진짜 숲, 진짜 야생 동물을 삶 속에 들여놓는 경험은 비가역적인 효과를 발휘한다. 절대로 그 경험을 하기 이전의 상태로 돌아갈 수 없다는 뜻이다. 원시림의 실재성과 근원성에 대한 감을 획득한 이상 도시의 편의보다는 결여가 먼저 눈에 띈다. 그래서 사는 게 어려워지기도 한다. 대신에 자연을 감상하고 음미하는 새로운 시점을 얻게 된다. 가령 야생 동물을 한 편의 시로 보게 되는 것이다. 밀림에 표범이 산다는 단순 사실은 최상위 포식자의 존재를 가능케 해 주는 광범위한 조건들이 훌륭하게 구비되었음을 의미한다. 그들이 영역 행동을 발휘할 수 있을 만한 넓은 면적, 먹고 살 만큼 풍족하고 건강한 먹이 사슬과 생태계, 번식으로 그 존재가 지속될 수 있을 만한 충분한 수의 개체군. 표범 한 마리는 이 모든 생태적 요소들을 함축하고 있는 하나의 시적 존재이다. 밀림 전체는 표범이라는 '작품'으로 스스로를 표현하는 것이다. 물론 밀림은 긴팔원숭이로도, 검독수리로도, 무화과나무로도 표현될 수 있다. 생태적으로 풍요롭고 복잡할수록 예술적 영감의 원천도 다양해진다. 그래서 동물과 식물은 그 존재만으로도 그토록 신비롭고 경이로운 것이다. 자연에 널린 이 시상을 포착하는 감수성은 완전한 모습을 유지한 자연 안에서 길러지고, 만들어지고, 다듬어진다. 누추한 문명이 아직 손대지 못한 궁극의 자연에 몸을 푹 담그는 귀한 경험을 통해 마음의 폐부까지 깊이 적실 수 있다. 그리고 이렇게 젖은 가슴은 시간이 지나도, 생활이 변해도, 쉬이 마르지 않는다.

우기의 한 중간에서 나는 새해를 맞이하였다. 축축한 날씨로 새로운 시작의 기분을 내기란 참으로 적당치 않았다. 차갑고 싸한 공기를 들이마시며 추운 현재 속에서 따뜻한 미래를 꿈꾸던 연초의 그 분위기가 열대 우림 한중간에서는 조성되기 어려웠다. 그래도 난 변화가 임박했음을 피부로 느끼고 있었다. 이제 연구를 서서히 마무리해야 할 시점이 수평선에 보이기 시작하고 있었다. 차곡차곡 쌓인 연구 자료는 이제 제법 상당량이 되어 조금만 더 하면 다음 단계인 분석으로 넘어가도 될 정도였다. 하지만 나에겐 아직 못 다한 일이 하나 있었다. 나는 내가 머무는 곳과 같이 야생이 살아 숨 쉬는 다른 숲에 가 보고 싶었던 것이다. 인간 세상으로 돌아갈 시간이 가까워 옴에 따라 나의 마음은 초조해졌다.

본격적으로 긴팔원숭이를 탐험하기 위해 도착하기 이미 수년 전부터 나는 봉사 단원의 신분으로 인도네시아에서 경험을 쌓았었다. 당시에 이곳의 문화와 언어를 익혔고, 그 덕분에 연구를 처음 시작했을 때 아무것도 모르는 어둠으로 발을 내딛는 것은 피할 수 있었다. 하지만 그래 봤자 나의 경험치는 매우 제한되었다. 세계 최고의 군도 국가를 자랑하는 인도네시아는 크고 작은 섬을 무려 1만 7000개 이상 보유하고 있다. 날고 기어 봤자 내가 본 곳이라고는 수도인 자카르타가 있는 자바 섬과 발리 정도에 국한되었던 것이다. 자바 안에서는 다른 국립 공원과 여러 해안 지대도 기웃거려 봤지만 이름부터 이국적인 향취가 물씬 풍기는 수마트라, 칼리만탄(보르네오), 술라웨시, 플로레스, 코모도, 이리안자야 등 나의 탐험을 기다리는 곳은 즐비했다. 물론 모두 가 볼 수는 없다. 세상은 너무도 넓고 그 굴곡들이 워낙 다양해서, 아무리 많이 누비고 다닌 여행자라 해도 여전히 촌놈이다. 내가 살았고 사랑했던 그 한 가지 정글조차도 수많은 세월을 거친 후에야 겨우 조금 알 것 같았다. 하물며 바다 저편의 저 신비로운 땅들은 어떠랴! 겸허하지만 들뜬 마음으로 나는 구체적인 계획에 돌입했다. 또 다른 야생의 목소리가 저 어딘가에서 나를 부르는 것만 같았다.

마침 현지에서 알게 된 프랑스 출신의 동료 영장류학자가 몇 주 전에 수마트라에 연구지를 틀었다는 소식을 접하게 되었다. 세드릭이라는 이름의 이 친구는 연구 허가와 관련된 서류 발급에 있어서 가장 불운한 과학자로 우리 사이에 소문이 난 친구였다. 도착하자마자 처리해야 하는 온갖 이민 수속 및 연구 등록 과정에서 겪을 수 있는 문제란 문제는 모두 떠안게 된 케이스라 할 수 있다. 게다가 하필이면 인도네시아에서 가장 심각한 분쟁 지역인 수마트라의 가장 북쪽 끝에 위치한 아체(Aceh) 주의 연구 허가를 신청하는 바람에 답을 얻는 데만 해도 몇 개월의 시간이 걸렸다. 아체 지역은 인도네시아로부터 독립을 요구하는 세력과 중앙 정부와의 갈등이 격심한 지역이다. 게다가 돌아온 답은 연구를 불허한다는 비보였다. 그래도 이에 굴하지 않고 세드릭은 원래 목표로 했던 국립 공원을 당초 계획한 북쪽이 아닌 남쪽으로부터 접근할 수 있는 루트를 뚫었고, 비록 똑같은 곳은 아니었지만 생태적으로 유사한 지역에서 연구를 이제 막 시작하고 있었다. 아체 주와 북부 수마트라 주의 경계에 걸쳐 있는 구눙로이저(Gunung Leuser) 국립 공원 내에 위치한 아라스나팔(Aras Napal)이 바로 그가 둥지를 튼 곳이었다. 얼마 되지 않아 나는 그가 심적으로도 힘든 상태, 친구의 방문이 몹시 반가운 시기에 도달했음을 직감했다. 연락을 취하자 아니나 다를까 그는 두 팔 벌려 나의 제안을 환영했다.

하지만 떠나는 것이 그렇게 간단한 일은 아니었다. 나의 긴팔원숭이 연구팀은 나름 꽉 찬 스케줄을 운영하고 있었다. 월요일에서 수요일까지는 A그룹, 목요일에서 토요일까지는 B그룹, 일요일 하루 쉰 다음 순

서를 바꿔서 추적하였다. 두 그룹을 따라다닌 시간이 서로 비슷해지면 D그룹을 찾아 며칠간 산행을 하곤 했다. 우리 팀은 나와 연구 보조원들을 포함해서 총 네 명이라 둘씩 찢어져서 각 그룹을 수색하였는데, 하나가 빠지는 것만으로도 연구에 차질이 컸다. 긴팔원숭이를 놓치지 않고 그냥 따라가는 것쯤이야 이제 팀원 중 누구나 혼자서도 할 수 있었지만, 구체적인 행동과 위치 정보를 일일이 기록해야 했으므로 적어도 둘이 달라붙어야 했다. 그래도 하는 수 없었다. 약간의 희생을 치르더라도 나는 이 기회를 잡기로 결심했다. 잠시 자리를 비우는 동안 맡겨야 할 일을 전달하고서 나는 서둘러 비행기 표를 구매했다. 긴팔원숭이들에게도 특별히 협조를 부탁했지만 본 체 만 체였다. 걱정 말고 다녀오라는 든든한 연구 보조원들을 뒤로 하고, 며칠 후 나는 북부 수마트라의 주도(州都)인 메단(Medan)을 향해 날고 있었다. 구름 위 태양은 또렷이 빛나고 있었다.

메단 시내에서 친구와 합류한 후 나는 곧바로 숲을 향했다. 덜컹거리는 버스를 몇 번을 갈아타고 몇 시간이나 탔을까, 허름한 집 몇 채뿐인 어딘가에 차가 서더니 승객들이 모두 내렸다. 길이 끝난 것이다. 정확히 강변까지만 딱 나 있는 그 길의 솔직함이 마음에 들었다. 여기까지는 육로, 그 다음부터는 수로. 이런 단순하고 분명한 구분이 살아 있는 물리적 환경을 체험하는 것도 원시림과 같은 야생의 자연을 찾는 이유 중 하나이다. 길고 좁다란 배가 탁한 흙색의 물살을 가르며 상류를 향해 미끄러져 갔다. 밀림에 입성하는 가장 고전적이고 감동적인 방법은 바로 이와 같이 물길로 들어서는 것이다. 굽이굽이 뱃머리를 틀

어 잠긴 나무와 암초를 피하고, 갤러리처럼 펼쳐진 강변 식생의 파노라마를 말없이 눈으로 들이마신다. 뱃소리에 놀란 새가 푸드덕, 강을 건너는 나비가 팔랑팔랑. 물에서 수면으로 머리채를 길게 늘어뜨린 열대 식물들이 힘겨운 듯 고개를 들지 못한다. 넓은 야자와 뾰족한 아단(*pandanus* 속 식물) 나무가 나타났다 보트 뒤로 사라진다. 어느 모퉁이를 돌아 배는 정박을 했고, 나는 좁은 숲을 따라 걷다 탁 트인 곳에 다다랐다. 드디어 도착이다.

　가장 먼저 눈에 띈 것은 연구 스테이션 앞 초원에 있는 코끼리 모자(母子)였다. 한 발에 쇠사슬이 감긴 어미의 사연을 묻자, 민가에 자주 출몰해서 곡식을 먹는 등 소란을 피우던 녀석을 잡아 훈련시켜서 이제는 공원 관리 목적으로 키운다는 것이었다. 마침 목욕 시간이라 우리는 코끼리 등에 타고 함께 강으로 들어갔다. 목욕을 시킨다고는 하지만 사실 인간은 그저 동행할 뿐. 코끼리가 강 한중간까지 들어가 다리를 굽히면 우리 모두가 함께 물에 잠겼다. 코끼리와 하나가 되어 밀림의 강물에 몸을 담그는 기분이란! 앞뒤, 양옆을 벅벅 긁어 주자 싫어하는 눈치가 아니었다. 그래 봤자 구석구석 닦아 주기에는 때밀이들의 팔이 너무 짧았다. 그런데 가만 있자. 이 얘기는 여기에 야생 코끼리가 산다는 뜻이 아닌가? 갑자기 생각이 여기에 이른 나는 수소문에 들어갔다. 물론이란다. 운 좋으면 실제로 코끼리를 볼 수 있단다. 하지만 조심해야 했다. 이 점에 대해선 나도 익히 들은 바가 있어 알고 있었다. 밀림에서 가장 위험한 동물은 호랑이도, 표범도, 독사도 아니요 바로 코끼리이기 때문이다. 소위 말하는 맹수들은 수도 적고, 대부분 우리를 피하기 때문에 만나고 싶어도 기회가 없다. 그런데 코끼리는 덩실덩실 다니다가 갑자기 인간을 만나면 깜짝 놀라 하고, 놀라면 화가 나서 지구 끝까지 쫓아온다는 것이었다. 실제로 성난 코끼리에 쫓기고 밟혀 목숨을 잃은 이들도 있다.

다음 날 새벽부터 나와 세드릭은 밀림을 향했다. 그가 연구하는 긴꼬리마카크원숭이를 찾으러 나선 것이었지만, 나는 내심 다른 속셈이 있었다. 마카크도 좋았지만 여기에는 시아망긴팔원숭이, 수마트라오랑우탄, 그리고 바로 그 숲코끼리가 산다고 하지 않았던가. 하지만 단시간 안에 모두 보는 욕심을 낼 정도로 나는 초보자가 아니었다. 밀림은 시간을 들인 만큼 제 모습이 드러난다는 것을 익히 알고 있었다. 마음을 비우고 여타 동물과 마찬가지로 모든 걸 밀림에 맡겨야 했다. 그런데 숲에 들어선 지 얼마 안 되어서 나무가 마구 파헤쳐진 현장을 발견했다. 말레이곰의 소행이었다. 아마도 벌집을 찾았던 모양인데, 좋은 징조였다. 열쇠 크기만 한 개미, 새빨갛거나 파란 잠자리, 화려한 딱따구리가 뒤를 이었다. 그러다가 관목이 드문 어느 어두운 나무 그늘 아래 검은 덩이들이 놓여 있었다. 코끼리 똥이었다. 하얀 균류가 피기 시작한 이 천연 비료 옆에는 그들이 다닌 흔적이 있었다. 풀숲이 양옆으로 젖혀져 있는 것이 육중한 몸이 통과했음을 의미했다. 어디선가 울음소리가 들려왔다. 이렇게 손쉽게 행운이 찾아오려나? 나는 불안감과 흥분에 마구 뒤섞인 채 숨을 죽였다. 사방은 다시 고요해졌다. 아직은 때가 아닌가 보다. 나와 친구는 발길을 재촉했다.

내게 던져진 행운은 그쯤에서 고갈되었다. 후끈거리는 밀림을 발이 닳도록 활보했지만 그 날도 다음 날도 내가 기대한 만남은 이뤄지지 않았다. 어두운 숲 속으로부터 날 반기러 나오는 생물은 오직 거머리뿐이었다. 이들의 원치 않는 방문을 막기 위해 우리는 장딴지를 감싸는 거머리 방지용 스타킹을 착용하고 다녔다. 바닥에 몸을 곤추세우고 공기 중의 온기를 맡으려 꿈틀거리다, 나를 잡수시겠다며 엉금엉금 기어 오는 자세가 당돌하면서도 대견스런 구석이 있다. 팔꿈치에서 두어 마리를 떼어 낸 순간 익숙한 울음소리가 들려왔다. 시아망긴팔원숭이가 멀리 있지 않음을 나는 직감했다. 쩌렁쩌렁 울려 퍼지는 소리의 진원지를 향해 우리는 우거진 수풀에 돌진하며 내달렸다. 언제나 동물은 들리는 것보다 먼 곳에 있다. 밀림의 깊은 곳으로부터 발원하는 목소리를

향해 다가가는 전율을 느끼며 우리는 청각에 의지하며 방향을 틀었다. 소리가 점점 커지더니 이윽고 바로 위 나무에서 검은 실루엣이 드러났다. 그러나 갑작스런 청중을 발견한 녀석은 서둘러 무대에서 퇴장했다.

휴. 이 정도로 만족해야 하겠지. 야생 시아망을 본 것이 어디냐. 어차피 오늘이 마지막 날. 내일이면 이 작은 모험도 마무리되어야 했다. 친구는 강변으로 나가자고 제안했다. 시야가 막힌 숲에 있다 보면 탁 트인 곳으로 나가고픈 갈증이 생긴다. 햇빛에 얼굴을 적시며 나는 곧 작별할 이 풍경을 마음에 담았다. 그때 물가의 진흙에 난 발자국이 눈에 띄었다. 가까이 가 보니 원숭이의 것이었다. 왼쪽 전방 20미터 부근에서 긴 풀이 흔들렸다. 커다란 신체가 모습을 드러냈다. 부채만 한 귀가 펄럭였다. 아, 코끼리. 코끼리. 그 자리에서 언 나는 어설프게 셔터를 몇 번 눌렀다. 그러자 불현듯 생각이 났다. 나와 코끼리 사이엔 아무것도 없었고, 이는 위험을 의미했다. 나는 잠시 갈등하다가 강변 옆으로 솟아오른 둔덕 위로 자리를 옮겼다. 그러자 전경이 눈에 들어왔다. 그곳엔 코끼리 한 무리가 있었던 것이다. 최소한 6~7마리의 무리가 머물고 있었다. 내가 거슬렸는지, 이제 자리를 뜰 때가 되었는지, 그들은 두둥실 몸을 움직이며 숲 안으로 하나씩 사라졌다. 야생 숲코끼리. 그 기적 같은 실체가 내 앞에 현현하고 있었다. 내 몸은 그들이 사라진 후에도 떨렸다. 이젠 여한이 없었다. 밀림이여 안녕.

17장

기억

냄새만큼 옛 기억을 강력하게 불러일으키는 건 없다는 말이 있다. 심지어는 우리가 그리도 의지하는 시각보다 후각은 시간 여행을 촉발하는 관점에서 월등한 위력을 발휘한다는 것이다. 갑자기 어디선가 불어온 바람에 실린 향기가 어릴 적 매일같이 들르던 문방구를 떠올리게 하고, 우연히 연 약통에서 피어오른 소독약 냄새가 병원에서의 아픈 추억을 되살려 준다. 사람의 향취도 마찬가지로 강력하다. 옛 애인의 향기에 놀라 걷다가 뒤를 돌아보는 광고도 있지 않은가. 그런데 사람 못지않게 '의미 있는' 체취를 가진 동물을 꼽으라면 단연 영장류이다. 개나 고양이, 쥐와 같이 주변에 흔한 동물의 냄새가 어떤지 익히 아는 이는 많지만, 모르긴 몰라도 냄새만으로 개별 동물을 구별하는 사람은 아마 극히 적을 것이다. 물론 나라고 해서 '동물 소믈리에'라도 될 만한 코를 가진 달인은 아니다. 다만 어떤 우연한 기회에 잊고 있던 체취가 생각났고, 그 덕분에 마음은 멀리 옛이야기를 향해 달리기 시작했다.

키가 유난히 큰 나무들이 모여 마치 밀림의 지붕을 이루고 있는 것과 같은 곳이 있다. 긴팔원숭이 두 집단의 영역이 겹치는 이 접경지대에서 우리는 범접할 수 없는 높이에서 노는 곡예사들을 하염없이 바라보고 있었다. 계속해서 고개를 쳐들고 있자니 목이 아파 나는 전자 거리 측정기를 꺼내 들어 대체 얼마나 높은가 재 보았다. 나무 바로 밑의 수직선상에 있지 않았지만 간단한 피타고라스 계산에 의해 나무가 족히 50미터는 된다는 사실을 발견했다. 너희들은 왜 밑에서 바라보기만 하니? 아니꼬우면 올라오든가? 쯧쯧. 고집스럽게 바닥에 달라붙은 우리를 이해할 수 없다는 듯 긴팔원숭이들은 가끔씩 우리를 내려다보았

다. 그들을 관찰하기에 마땅한 곳을 못 찾아 서성이고 있을 때 수석 연
구 보조원인 아리스는 그답게 멋진 바위를 하나 발견하더니 그 위로
껑충 뛰어올랐다. 디즈니 만화 영화 「라이온 킹」에서 사자가 포효하는
장소인 '프라이드 바위(Pride rock)'를 쏙 빼닮은 이 돌덩이는 긴팔원숭이
들이 모여 노는 나무를 향해 위 방향으로 비스듬히 돌출하고 있었다. 그
런데 더 재미있게도, 바위의 끝에 서니 식물 하나가 기다랗게 자라나 있
고, 그 끝은 약간 뭉툭했다. "여기 아예 마이크가 설치되어 있네!" 넉살
좋은 아리스의 적절한 농담에 우리는 모두 웃었다. 정말 그곳은 밀림 한
중간의 콘서트 장 같았다. 다만 관중이 공연자보다 더 위에 있을 뿐.

우리는 돌아가면서 한마디 하기 시작했다. "아, 아! 마이크 시험 중!"

저것들이 아주 돌아 버렸구먼. 긴팔원숭이들의 표정은 왠지 더 한심하다는 듯한 인상이었다. 하지만 우리는 아랑곳하지 않고 이야기꽃을 피우기 시작했다. 늘 얘기보따리가 풍부한 아리스는 예전에 일하던 곳인 남부 수마트라의 경험담을 풀어 놓았다. 시아망긴팔원숭이가 거리 계산을 잘못하고 뛰었다가 아래로 추락해서 잠시 정신을 잃은 에피소드, 뾰족한 가시를 잔뜩 단 호저가 밤에 베이스캠프에 찾아와 비누를 다 먹어 버린 사연, 자기도 모르게 사슴을 놀래어 주고 들개 한 무리에게 둘러싸인 사건 등등 무용담은 무궁무진했다. 당시 동료 중에는 숲에서 호랑이를 보고 놀란 가슴을 쓸어내린 사람, 또 머리가 사람 머리만 한 뱀을 본 충격에 그 자리에서 일을 그만둔 친구도 있었다는데, 얘기가 이쯤에 이르자 나머지 친구들의 얼굴에 불안의 기운이 엄습해 왔다. 그때 긴팔원숭이들이 움직이기 시작했다. 즐거움도 잠시 우리도 자리를 떠야 했다. 누군가 위에서 실례한 변이 아래로 툭 떨어졌다. 철퍼덕. 이 반갑지 않은 물질은 막 움직이기 시작한 옆 친구의 채취와 땀과 섞이더니 새삼스러운 날카로움으로 내 코를 찔렀다. 이게 뭔 냄새더라? 오호라. 나는 어느덧 뇌의 오래된 굽이굽이를 유영하고 있었다. 모두 이렇게 시작됐었지.

어린아이 시절부터 나는 분야가 확실했다. 동물 그리고 그림. 이 두 가지는 둘이 아니요 하나였고, 바로 나의 서식지이자 내가 속한 생태계였다. 기억이 미치는 시간 이래로 나는 줄곧 동물을 좋아하고 탐구해 왔으며 동시에 그들을 묘사하고 표현했다. 인간이라면 마땅히 이 세계에 종사하고 헌신해야 한다는 나의 생각은 확고해서, 그렇지 못한 사람은 어딘가 문제가 있다고 여길 정도였다. 하지만 그렇다고 해서 비슷한 취향을 가진 이들과 잘 어울리는 것은 아니었다. 소위 말하는 동물 박사, 곤충 소년을 만나면 모두들 어딘가 편협한 전문성을 추구한다는 점이 나는 마음에 걸렸다. 그들도 동물을 좋아하긴 했지만, 좋음의 종류가 나와는 맞지 않다고 느끼곤 했다. 말하자면 오타쿠식 열정에는 동감할 수 없었던 것이다. 각종 생물의 이름과 서식지, 먹이와 습성을 줄줄 외는 그들의 어조에는 순수함과 의미가 결여되어 있었고, 보이는 대로 잡아 채집하는 몸짓에는 애정과 철학이 부족했다. 집으로 놀러 가면 그들은 수십 마리의 곤충을 핀으로 꽂아 만든 표본 컬렉션을 자랑스럽게 선보였지만, 인상적이긴커녕 내 머릿속에 떠오르는 문장은 딱 한 가지였다.

"저렇게 좋아하는 것보단 아예 무관심한 것이 낫지 않을까?"

이런 현상이 비단 어린이들에게만 해당되는 것이 아니라는 사실을 나는 한참 후에 알게 되었다. 지금 이 순간에도 '동물을 좋아한다.'는 이들이 아무렇지도 않게 동물을 구매하고 분양하며 생명으로 수집가적 욕망을 채우면서 동물 암시장 형성과 거래에 기여하고 있다. 또는 낚시와 사냥 등 살상의 요소가 명확하고 핵심적인 행위를 즐기면서도 그것이야말로 자연을 접하는 올바른 방식이라 정당화한다. 이런 취미를 가진 사람이 아니더라도, 많은 동물 전문가들은 일반인들의 순진한 발견과 깨달음을 일축하고 폄하하는 즐거움으로 사는 듯했다. 누구나

자연에 관심을 갖고 자연과 관련된 일에 뛰어들어야 된다고 믿었던 나는 이들이 보이는 배타성을 이해할 수 없었고, 그들이 내세우는 전문성에 거부감을 느꼈다. 나는 동물이 '분야'에 갇히는 것이 싫었다.

그림은 그런 나의 고민을 모두 해결해 주었다. 관찰과 독서를 통해 알게 된 동물은 연필 끝에서 한 번 더 짚고 넘어감으로써 내 안에서 완

결되었다. 동물을 그린다는 것에는 여러 가지 의미가 있다. 첫째, 그냥 보는 것만으로는 넘어가는 부분들을 깨알같이 짚어 보게끔 해 준다. 사슴의 자태를 감상한다고 해서 몸통 대비 머리의 비율이나 뒷다리의 모양까지 정확하게 인지되는 것은 아니다. 그림은 시각의 건성을 훌륭하게 보완해 준다. 둘째, 채집이나 포획 등의 침해적 행위에 대한 멋진 대안이다. 사람은 자기가 좋아하는 대상에 대해 뭔가 행위를 하고 싶은 천성이 있다. 그러다 보니 자연을 소유하거나 제압하는 식으로라도 자연과 '상호 작용'하고자 하는 것이다. 동물을 수집하는 대신 그림을 그리고 모으면 될 일 아닌가? 셋째, 그림은 이미 있는 자연을 더욱 풍요롭게 만들어 준다. 도감에 나온 예쁜 세밀화는 야외에서 만난 새의 아름다움을 배가시켜 준다. 사진 보고 기대했다가 실물 보고 실망하는 따위의 일은 일어나지 않는다. 베아트리체 포터의 토끼, 고슴도치 그림을 마음에 품은 상태에서 밖으로 나가 만나는 동물들은 오히려 더 귀엽고, 소중하고, 사랑스럽다. 넷째, 그림은 동물의 행동과 생태의 세계를 자연스럽게 들여다보게 해 주는 창문이다. 동물을 그리려면 반드시 어떤 자세와 장면을 정해야 하고 또 배경을 채워 넣어야 한다. 기린은 목을 길게 뻗는 자세가 가장 어울리지. 아, 그렇다면 잎사귀를 따 먹느라 그러는 거겠지? 가만 있자, 그러면 그 정도로 높은 나무가 요 옆에 있어야겠네. 동물 행동학과 생태학이 이보다 더 잘 녹아든 매체는 없다. 다섯째, 사진은 현장을 포착하려 하다가 동물을 방해할 수 있지만 그림은 지구 반대편에서도 그릴 수 있다. 장비 등 비용의 차이도 엄청나다. 여섯째, 일곱째, 계속 나아갈 수 있지만 이쯤에서 멈추자. 장점의 나열이 중요한 것은 아니리라. 작가는 작품이 스스로 말하게끔 한다고 했지만, 나는 내가 그린 동물의 입으로 울고, 짖고, 포효하고 싶었다.

원하는 것이 확실하다 보니 나는 입시의 부담을 별로 느끼지 않았다. 성적을 감안해서 동물 관련된 학과 중 아무 데나 넣어 달라며 어머니에게 부탁하고서는 나는 원서 접수에 관심을 두지도 않았다. 지원한 대학도 딱 한 곳. 입학 고사를 보러 간 그 캠퍼스에 소와 흑염소가 돌아다니며 풀을 뜯는 것을 보고 나는 매우 흡족했다. 그런데 막상 다녀보니 동물을 공부하는 이유가 내 생각과 전혀 딴 판이었던 것이다. 어떻게 하면 요 놈을 잘 살찌워 잡아먹을 것인지를 궁리하는 분야라는 사실에 나는 뒤늦게 새삼스럽게 놀랐다. 하지만 좋게 생각하기로 했다. 목적은 완전히 달라도 어차피 동물은 동물이니까. 일단 하기로 한 것 끝을 보는 대신 졸업 후에 순수 생물학을 하기로 마음을 먹었다. 그러자 기회가 나타났다. 저명한 동물 행동학자인 최재천 교수가 귀국해서 본격적으로 연구실을 꾸린 지 얼마 안 되었던 것이다. 더 이상 볼 것도 없었다. 찾아가 보니 마침 까치를 연구하는 팀에서 남자를 필요로 한다는 것이었다. 여기서 남자란 '막노동'을 의미한다는 것을 잘 알았지만, 뭐 상관없었다. 즐기는 기분으로 까치의 영역 행동을 연구한 석사 과정이 끝날 때쯤 교수님이 방으로 나를 불렀다. "자네 영장류 해 볼 생각 있나?" 하루 고민하고 알려드리겠다고 했다. 왜 하루가 필요했을까. 있는 것도, 없는 것도 아닌 시간인데. 다음 날 나는 비슷한 시간에 교수님 방문을 두들겼다. "영장류, 한 번 해 보겠습니다."

그런데 나의 교수님은 곤충을, 그것도 아주아주 작은 벌레를 전공하신 분이었다. 교수님이 아니더라도 어차피 한국에서 야생 동물을 직접 다루는 영장류학자는 전무했다. 직접 지도를 하실 순 없었지만 다행히도 일본의 유명한 영장류학자인 테츠로 마쯔자와와 친분이 닿아 학생 한 명을 보내기로 이미 얘기가 되었던 것이다. 하지만 그야말로 '보내는' 것이었다. 그것이 유학인지 뭔지 아무것도 정해지지 않은 상태에서 몸만 가는 것. 까짓것. 나는 흔쾌히 몸을 이동시켰다. 어스름이 짙어지는 어느 날 저녁, 나는 큰 가방을 질질 끌고 이누야마 소재 교토대학교 부설 영장류 연구소를 향해 터벅터벅 걷고 있었다. 첨벙하는 소리에 돌아보니 큰 물고기가 수면 밖으로 등지느러미를 드러내고 내천을 역류하고 있었다. 달빛은 아무도 없는 길에 은은한 광채를 한 줌 뿌

리고는 검은 구름 뒤로 자취를 감추었다. 어떤 커다란 철제 대문에 다다르자 주변 동네와 다른 기운이 감지되었다. 공기의 맛이 달랐다. 분간이 안 되는 칠흑 같은 어둠 속에서 인간의 것이 아닌 움직임이 이는 것만 같았다. 바로 여기였다. 선명하게 보이진 않았지만 감각으로 충분히 알 수 있었다. 영장류의 세계에 들어선 것이었다.

진짜 동물 연구소에서는 대체 어떤 일이 벌어질까? 심각한 얼굴의 과학자들이 흰 가운을 입은 채 바삐 움직이고, 보글보글 신기한 색의 용액이 끓어 복잡한 관을 타고 흐르며, 한쪽에서는 요상한 동물이 우리에 갇혀 노려보는 그런 곳일까? 일부는 맞고 일부는 틀리다. 아니, 영장류 연구소에서 나에게 주어졌던 역할에 비하면 지나치게 화려한 묘사라 함이 맞을 것이다. 나는 연구원이라기보다는 연구소 파출부에 가까웠다. 침팬지의 인지 실험에 투입된 나는 그들이 문제를 맞힐 때마다 상으로 주는 사과 조각을 준비하고, 실험하는 동안 그들이 오물로 더럽혀 놓은 실험 부스를 청소하고, 실험 후 녹화 장비 등을 챙겨야 했다. 몇 달이 지나자 나는 직경 1센티미터 크기의 조각으로 사과 깎기에 달인이 되었다. 물론 침팬지를 눈앞에서 보는 재미를 누릴 순 있었다. 그런데 위계질서에 익숙한 침팬지들이라 연구소 내의 인간 서열도 그들의 눈에 선했던 것일까. 무리 중에서 특히 짓궂은 '아줌마 침팬지'는 신참인 나를 유난히 무시하며 툭하면 침을 뱉어 댔다. 침팬지의 침이란 맞아 보지 않고서는 그 불쾌감을 절대로 알지 못한다. 사람과 가장 유사한 동물이 정조준해서 발사하는 타액 총알은 마르크스적 분노를 자극하는 무언가가 담겨 있다.

기억

　평소에는 야외 사육장에 있는 침팬지를 실내에 있는 실험 부스로 불러오기 위해서는 제법 기다란 철창 통로를 통과하게끔 누군가가 데려와야 한다. 중간 중간에 개폐문을 조작할 때 불가피하게 잠시 서야 하는데 그때를 놓치지 않고 녀석은 나에게 침 세례를 퍼부었다. 잠시 총알이 다 떨어지면 입으로 모으는 것조차 관찰할 수 있었다. 이런 취급을 당하는 내가 딱했는지 교수님은 침팬지를 데려오는 일 대신 실험실 내에서 그들을 맞이하는 역할로 바꿔 주었다. 여기라면 멀찌감치 서서 거리를 유지한 채 침팬지가 입장한 다음 문만 닫으면 될 일이었다. 아니나 다를까, 침팬지의 침은 힘없는 포물선을 그리며 내 발치에 툭 떨어졌다. 으하하하. 나는 이 초라한 승리를 속으로 자축하며 스스로를 등 두들겨 주었다. 며칠 뒤 나는 똑같은 자리, 똑같은 거리에서 침팬지를 맞이하였다. 안으로 들어온 침팬지는 오늘따라 얌전히 철봉만 붙잡고 매달려 있었다. 어라? 이제 안 되니까 흥미가 떨어졌나 보군! 나는 스위치를 눌러 문을 닫았다. 그 순간, 침팬지는 상체를 한껏 뒤로 젖히더니, 온 힘을 다해서 입에 물고 있는 물을 소방호스처럼 내게 뿜어냈다. 츄아아악! 나는 머리부터 발끝까지 흠뻑 젖었고, 침팬지는 겨드랑이를 긁으며 나의 몰골을 감상했다. 괘씸한 나를 가만 안 두겠다는 일념 하에, 바깥 사육장 수돗가에서부터 입에 물을 채워, 삼키지도 않고 긴 통로를 통과해서, 내가 가장 무방비일 때 퍼부은 것이다. 교수님에게 이 사실을 보고하자 약간이라도 위로를 해 주기는커녕 아주 흥미로운 과학적 발견을 했다며 오히려 좋아하기만 했다. 쳇, 이런 식으로 학문에 기여하고 싶지는 않은데……. 보기 좋게 당한 이 오래된 기억, 왜 갑자기 끄집어냈을까? 아 그 냄새! 땀과 변과 타액이 범벅이 되었던 그 냄새. 그 추억. 그 세월.

18장

녹지

사람은 크든 작든 주기적으로 찾아갈 수 있는 녹지가 있어야 사람답게 살 수 있다. 바탕 화면에 멋진 경치의 사진을 깔아 놔야 소용없고, 숲 테마로 잘 꾸며진 인테리어에 둘러싸여 있다 해서 되는 일이 아니다. 숨 쉬고 먹는 일만큼이나 삶에 있어서 대체가 불가능한 것이 자연이고, 그 어떤 방식으로든 자연을 재현(再現)하려는 시도는 명확한 한계를 안고 출발한다. 자연의 형상화는 깊은 감동을 줄 수 있을지언정, 인간을 완전하게 품어 줄 수는 없다. 그러기 위해서 그 자연은 최소한의 완전성을 갖춰야 한다. 고립된 가로수 한 그루, 창틀에 놓인 화분 몇 개 가지고는 불충분하다. 사람의 손길과 무관하게 스스로 작동하는 시스템이 살아 있는 최소한의 생태계이어야 한다. 금싸라기 땅이 녹음으로 그 면적이 덮이도록 실제로 자연에 할애되어야 하는 것이다. 그래서 녹지(綠地)이다. 인간의 수많은 용도를 모두 제쳐 두고 그저 생물들에게 권한을 모두 이양한 공간이어야 비로소 인간도 찾아 들어갈 만한 자연 지대가 되고, 그 공간에 의지해서 살아갈 수가 있다. 녹색의 땅은 선택이 아닌 필수이다.

밀림에서 오랜 시간 동안 폭 빠져 지낸 사람은 녹지에 대한 갈증을 잠시 잊고 산다. 매일 들이키는 숲 공기로 촉촉해진 허파는 더 이상 바랄 게 없고, 동식물로 늘 정화되는 안구는 건강하고 동공은 편안하다. 물소리와 노랫소리만 상대하는 귀 덕에 성격마저 좋아진다. 특히 열대의 비가 퍼부을 땐 몸 전체가 저 튀어 오르는 흙처럼 춤추고 약동한다. 그러나 그를 녹지가 턱없이 부족한 도시로 옮겨 놓으면 며칠도 채 가지 않아 괴로움에 허덕이게 된다. 나의 경우, 다행히 한국의 집 근처에 비교적 큰 공원이 있고, 조경 개념에 의거해 인공적으로 만들어진 의사 (擬似) 자연이 아니라 원래의 식생이 지금까지 남아 있는 곳이다. 컴퓨터 화면과 인간관계로부터 자유롭고 싶을 때 찾아가곤 하지만, 그럴 때마다 마음 한구석에는 불안함이 있다. 얼마 안 되는 녹지이기 때문에 이곳에 대해 집착이 생기고 이를 지키고픈 마음에 신경이 곤두선다. 다람쥐 몫의 도토리를 주워 가는 아줌마들이 몹시 못마땅하고, 공원길을 육상 코스로 착각한 사람들이 불만스럽다. 점점 늘어만 가는 인공 시설과 현수막을 보면 관할 구청이 못 미덥기만 하다. 여기라도 이렇게 자연 그대로 남아 있는 사실 자체가 물론 하나의 기적이라면 기적이다. 그런데 녹지 한 조각에 상대적으로 많은 이가 의지하다 보니 이 작은 숲도 수용 능력의 한계에 다다른 것이 아닌가 걱정스런 마음으로 산책을 떠난다. 보고 싶었던 새를 전혀 보지 못하고 돌아온 날에 시름은 한층 깊어만 간다.

그러던 어느 날 내 집 주변의 아주 작은 녹지를 재발견하게 되었다. 다용도실 문 바깥에 심어진 몇 개의 나무에 멧비둘기가 둥지를 튼다는 것을 알았고, 거실 앞 창문의 구부정한 소나무에는 어치 부부가 종종 쉬러 온다는 사실을 발견했다. 나는 관리인에게 낙엽을 모조리 치우지 말 것을 부탁하고, 흙이 있는 곳에 꽃과 초본류를 심었다. 어디서 구한 나무 조각도 옆에 놓고 벌레가 꼬이길 기대했다. 한쪽 벽에만 난 담쟁이의 일부를 데려와 빈 벽 앞에 심고 새 출발을 당부했다. 가족들도 창문 너머의 자연을 보기 시작했고 먹고 남은 음식도 종종 뿌려 주는 등이 움직임에 합세했다. 원하는 만큼은 아니었지만 나의 소규모 도심 녹

지화 프로젝트는 아주 조금씩 실효를 거두는 듯했다. 밀림을 이곳으로 옮겨 올 수는 없었다. 다만 파편에 가까운 자그마한 땅이라도 녹색으로 칠할 여지가 있다면 그렇게 해 볼 수는 있었다. 물론 이런 작은 조각만으로는 '어엿한 자연'이 되기에 여전히 부족하다. 그러나 누가 알랴? 산산이 부서진 지구 녹지들의 조각 모음에 나도 모르게 기여하고 있는지.

나의 삶은 세상에 어떤 기여를 하고 있나. 야생 영장류의 뒤꽁무니를 좇으며 열대 우림을 누빈 이 커리어가 우리 사회에 과연 어떤 도움이 될까, 생각해 본 적이 있다. 언뜻 보기에는 학계나 동물원 등을 제외한 세상하고는 하등의 관계가 없는 듯하다. 그런데 흥미롭게도 처음 영장류학으로 사회에 일말의 기여를 한 계기는 예상치 않은 곳에서 왔다. 바로 영화 「킹콩」이 2005년 말에 세계 동시 개봉을 하게 된 것이다. 건물을 때려 부수고 여자를 납치하는 광폭한 성격의 이 상상 속 괴물이 실제 고릴라와 얼마나 비슷한지 기자가 물어 온 것이었다. 영화에서 묘사된 바와는 달리 고릴라는 인간이 자극하지만 않으면 온순한 동물이며 난폭한 모습은 왜곡되었다는 사실을 알려 주었다. 또 침팬지라면 때때로 원숭이를 합동으로 사냥해서 잡아먹는 등 살육을 하기도 하지만 고릴라는 거의 순전히 채식만 한다는 점도 곁들였다. 인간의 그릇된 편견에 맞서 동료 유인원을 변호해 주었던 것이 내가 전공한 영장류학을 사회적으로 활용한 첫 번째 사례였다.

한참 후에 또 다른 기회가 찾아왔다. 어느 봄날, 코스타리카의 열대 우림에서 약 한 달 동안 열리는 대학생 야외 수업에 나를 조교로 초청한다는 소식을 전달받았다. 인도네시아의 영장류 연구를 함께 구상하고 논의하던 미국인 박사로부터 온 제안이었다. 잠깐, 어디라고? 코스타리카? 나는 자리에서 벌떡 일어났다. 두 번 고민할 필요도 없었다. 여기라면 만사를 제치고 가야만 했다. 생물을 좀 안다는 사람이라면 코스타리카는 단연 으뜸으로 꼽는 꿈의 행선지 중 하나이다. 크기는 우리나라보다 작지만 미국과 유럽을 합친 것보다 많은 약 50만 종의 생물이 살고 있다. 지구 전체 육상 면적의 0.03퍼센트만을 차지하지만 지구 전체의 생물 다양성은 약 5퍼센트를 차지하고 있다고 하면 말 다한 것 아닌가. 단위 면적당으로 환산하면 세계 1위라 할 수 있다. 이 나라가 원래부터 다양한 종의 생물상을 보유하고 있었던 곳이긴 하지만, 그걸 그냥 놔둬서 오늘날에 이른 것은 아니다. 한때 라틴아메리카에서 삼림 훼손이 극심한 나라 중의 하나였던 코스타리카는 자국의 풍부한 자연 자원의 가치를 깨닫고, 보전과 체계적 관리를 바탕으로 과학 연구 및 생태 관광 산업을 적극적으로 육성하면서 오늘날 국제적인 성공 모델로 추앙받고 있다. 정부 당국에 따르면 국토의 약 4분의 1이 엄격하게 보호되거나 개발이 제한된 땅이라 할 정도로, 코스타리카는 자연 자원에 대한 자부심이 남다르다. 여기에다가 동쪽으로는 카리브 해, 서쪽으로는 태평양과 맞닿아 있어 해양 생물에 대해서도 둘째가라면 서럽다. 나는 여정이 24시간 이상 걸리는 항공권을 거의 따져 보지도 않고 사고서 갈 날만을 기다렸다. 이윽고 기다리고 기다리던 출발일의 날이 밝았다. 나는 생물 다양성의 '핵'을 향해 일어났다.

　말할 수 없이 길고 지루한 탑승 및 대기 시간, 그리고 수차례의 환승을 감내한 끝에 나는 마침내 코스타리카에 입성했다. 마음이 밀림이라

는 콩밭에 가 있는 사람에게 수도는 그저 여행을 위한 자원을 모으는 곳에 불과하다. 색다른 건축물도 흥미롭고, 보이는 길거리 음식마다 궁금하지만, 그런 건 야생 동물의 왕국이 최종 목적지가 아닐 때의 얘기이다. 나는 딱 하룻밤만을 지내고 다음 날 버스에 몸을 실었다. 목적지는 코스타리카 북동부에 있는 라수에르떼(La Suerte) 생물학 연구 스테이션이었다. '행운'을 뜻하는 이름의 이곳은 미국에 본부를 둔 마데라스 열대 우림 보전소(Maderas Rainforest Conservancy)가 소유한 자연림이자 현장 연구 및 학습장이었다. 수도인 산호세(San Jose)가 위치한 코스타리카 중앙 지대는 산악 지대라 저지대에 있는 숲으로 내려가기 위해서는 꾸불꾸불한 도로를 조심스럽게 달려야 한다. 어떤 곳에는 아찔한 낭떠

러지가 난간도 없이 곡선 구간을 반기고 있었다. 듣자 하니 며칠 전에
도 차가 제 속도를 이기지 못하고 저 밑으로 추락했단다. 나는 내 목적
지의 이름을 마음속으로 되뇌었다.

무사히 도착하고 또 무사히 돌아왔으니 이 글이 여러분 앞에 있지
않겠는가? 먼지를 뿌옇게 일으키며 드문드문 널린 농가를 지나 이윽고
나는 숲 한중간에 있는 학생 숙소 겸 식당 겸 교실로 쓰는 본관 건물에
도착했다. 바깥에는 수십 켤레의 고무장화가 거꾸로 걸려 있었다. 그
옆에 서 있는 작은 간판이 눈에 띄었다. "뱀이 수시로 지나다님. 반드시
장화를 착용할 것." 이야, 여기 제대로구먼! 실제로 코스타리카에는 수
십 종의 맹독성 뱀이 살고 있고, 그 중에서 가장 위험한 뱀인 'Fer-de-

lance'(머리가 뾰족한 창끝을 닮아 붙여진 불어 이름)도 이 근방에서 나타난다고 한
다. 위험을 잊게 하는 흥분이 감돌았다. 갑자기 그리 멀지 않은 곳에서
단체로 개 짖는 것 같은 우렁찬 소리가 들려왔다. 고함원숭이였다. 중
남미 숲의 사운드이펙트(sound effect)를 담당하는 이들의 소리를 모르고
들으면 뭔가 괴기스런 느낌마저 들기도 한다. 머리 위로 붉은색 앵무새
가 창공을 가르며 나무 사이로 사라졌다. 풀숲에서도 움직임이 부산스
러웠다. 발치엔 두꺼비 한 마리가 귀찮다는 듯 살짝 길을 피해 줬다. 아
코스타리카구나. 내가 여기에 왔구나.

　이곳에서의 생활은 지극히 규칙적으로 흘러갔다. 미국 전역의 대학
에서 온 학생들을 지도하는 역할이 주어진 나는 대부분의 시간을 숲

속에서 보냈다. 해발 50미터에 위치한 이 숲은 1993년부터 지금의 이름을 달고 연구 및 학습용으로 보전된 면적 317헥타르의 저지대 열대 우림이다. 여의도 면적의 3분의 1이 조금 넘는 크기이다. 본관 건물을 중심으로 남쪽에 작은 숲이, 북쪽에 큰 숲이 펼쳐져 있다. 나의 임무는 그 날의 수업 내용에 따라 학생들을 이끌고 숲을 탐험하는 것이었다. 첫날부터 운이 따랐다. 얼마나 들어갔을까, 나무꼭대기에서 희미한 기척이 느껴졌다. 인도네시아에서 나무 위 긴팔원숭이를 찾는 일에 단련되어서일까? 거미원숭이였다! 생태적으로 긴팔원숭이와 무척 흡사하지만 긴 꼬리가 또 하나의 팔 역할을 하는 거미원숭이. 나의 눈에 익숙한 동작으로 세 마리가 나뭇가지 곡예를 하며 수풀 사이로 몸을 감췄

다. 학생들은 탄성을 질렀다. 흥분이 채 가시지도 않은 몇 십 분 뒤, 계곡 변에 뻗은 나무의 명당자리에 검은색 물체가 포착되었다. 지난번 소리의 주인공, 고함원숭이들이 한낮의 여유를 즐기고 있었다. 밀림에 처음 발을 들인 아이들은 입을 다물지 못했다. 나름 숙달된 조교인 나의 표정도 똑같이 얼빠져 있었다.

그런데 지내다 보니 이곳은 동물을 비교적 어렵지 않게 볼 수 있다는 사실을 깨닫게 되었다. 처음 봤을 때 감격해서 어쩔 줄 몰랐던 화려한 색의 화살독개구리는 어느덧 밟지 않도록 조심해야 할 대상이 되어버렸다. 작은 숲에 가면 중세 수도사의 모습을 꼭 빼닮은 카푸친원숭이를 늘 만났고, 모모투스(motmot)나 오로펜돌라(oropendola)와 같은 화려

한 새들이 방문자들의 눈을 즐겁게 해 주었다. 숲에 갈 것도 없이, 숙소 발코니에서도 야생 동물 사파리를 즐길 수 있었다. 우선 고함원숭이는 건물 앞 식물을 제 곳간으로 여기고 오는 단골손님이었다. 등나무 의자에 기대 앉아 보는, 꼬리로만 매달려 이파리를 뜯어 먹는 이들의 모습은 가히 공연 감상과 다를 바 없었다. 이웃 나무에는 나무늘보가 웅크리고 특유의 로하스(Lohas)적 삶을 구가하고 있었다. 느린 것 같아도 한 번씩 확인하러 가면 그 자리에 없기 십상이었다. 무엇보다 최고의 볼거리는 집 앞 나무에 둥지를 튼 큰부리새(영어로 Toucan) 부부였다. 디즈니 만화 영화에 나올 법한 강한 캐릭터성과 열대의 화려한 미학이 한데 어우러진 이 생물을 야생에서 진짜로 본다는 사실은 눈앞에 두고 보면서도 믿기지 않았다. 그런데 이런 감동도 큰부리새 새끼의 수줍은 출현에 비하면 아무것도 아니었다. 한동안 부모가 구멍 안으로 먹이를 건네주는 것만 보이더니, 어느 날 자그마한 생명체가 빼꼼히 고개를 내밀었다. 아직은 너무나 작지만 이미 어엿한 '큰 부리'의 새. 그가 본 세상의 첫 모습에 내가 있었을까.

어디서든 동물이 튀어나올 수 있기에 나는 정신을 바짝 차리고 다녔다. 연구자 숙소와 식당 사이의 오솔길은 의외로 생물상이 풍부한 단거리 코스였다. 길에 들어서면 어김없이 바실리스크도마뱀과 쏙독새가 황급히 자리를 피했고, 병정개미들이 점령할 때에는 아예 돌아가야 했다. 한 번은 길을 지날 때마다 그르렁 하는 낮은 숨소리 같은 것이 들렸다. 아무리 살펴봐도 아무것도 보이지 않았지만, 이 소리는 계속해서 같은 자리에서 반복되었다. 소리만 들어서는 필시 무시무시한 짐승의

숨 고르는 소리라 이제는 살짝 긴장하지 않고서는 지나갈 수 없었다. 그러나 미스터리는 머지않아 밝혀졌다. 예상과는 정반대로, 아주 작은 벌새 한 마리가 길가에 둥지를 틀었는데, 사람이 나타나면 옆의 바나나나무 잎 아래로 피하는 바람에 마치 선풍기에 종이를 댄 것과 같은 효과음이 난 것이었다.

밤에는 밤만의 신비로움과 재미가 우리를 기다렸다. 방문 시기의 중간쯤에 이르자 운 좋게도 개구리 과학자 한 명이 연구차 이곳을 방문하였다. 전 세계의 양서류를 초토화시키고 있는 항아리곰팡이균이 이곳에서도 발견이 되는지 조사하기 위함이었다. 평소에는 하루의 일과

가 끝나고 길게 늘어져 있을 시간에, 나와 몇 명의 열성적인 학생들은 손전등을 밝히고 밀림의 늪지대를 향했다. 개구리처럼 열대 우림의 촉촉함을 체화(體化)하고 있는 동물도 없다. 느리게 노를 젓는 듯한 장화의 움직임에 찰랑거리는 물소리, 그리고 어둠의 여기저기에 수놓인 개구리들의 울음소리. 나는 몽유도원 안을 걷고 있었다. "여기 와 봐요." 개구리 과학자가 어느 지점을 비추고 있었다. 빨간 눈의 나무개구리. 그림으로나 보던 종류이다. 감격을 추스르기도 전 손전등은 옆 나무로 옮겨가 또 하나의 생명의 무대를 비추고 있었다. 짝짓기 중인 개구리 부부였다. 아. 아. 한참 더 보고 싶었지만 프라이버시 존중 차원에서 우

리는 점잖게 전원 스위치를 껐다.

　코스가 끝날 때쯤 우리는 인근 마을에 가 보기로 했다. 오랜만에 숲에서 벗어나 보는 홀가분함에 모두들 조금 들떴고, 버스는 왁자지껄한 학생 한 무리를 태우고 출발했다. 가는 길에 주변을 둘러보자는 제안에 모두들 흔쾌히 동의하고 창밖을 주시했다. 그런데 이게 웬 일인가? 숲 둘레는 가도 가도 끝이 없는 바나나 밭이었다. 우리가 그토록 울창했다고 여긴 이 지상낙원 열대 우림은 농장과 토지의 바다 한가운데에 고립된 섬이었던 것이다. 어쩌면 동물이 그리 많았던 것도 달리 갈 데가 없었기 때문이 아닐까. 마음이 한순간에 무거워졌다. 서울, 우리 동네의 작은 녹지가 생각났다. 지구 여기저기에 흩어진 이 녹색 조각들.

모두 사라질 운명일까. 아니면 하나둘 모아, 생명의 조각보로 만들 수
는 없을까.

19장

앨범

공기의 흐름이 멎은 듯한 어느 날 오후 나는 인도네시아 자바 섬의 밀림 속을 누비고 있었다. 매일은 아니지만 어쩌다 한 번쯤 들르는 어느 솟아오른 둔덕에 가기 위해 나는 좁은 오솔길을 따라 천천히 발을 옮겼다. 갈 길이 멀어도 급하게 움직이지 않는 것이 밀림 보행의 기초이다. 빽빽한 수풀 속에선 누가 어디에 있는지, 저 나무 뒤에선 무엇이 나타날지 당최 알 수 없는 건 모든 동물이 마찬가지이다. 그래서 최대한 인기척을 내지 않고 조심스럽게 걸어야 예기치 않은 만남의 확률을 높일 수 있다. 코너를 도는 순간 나와 다름없는 주체(主體)를 만날지도 모른다. 나처럼 주관을 갖고 환경에 반응하며, 누군가에게 '상대방'이 되어 줄 수 있는 생명체. 그도 나 못지않게 고독함을 벗 삼으며 이 길을 터벅터벅 혼자서 걸었을 것이다. 화들짝. 대개 이런 만남의 사건은 한쪽이 줄행랑을 침으로써 삽시간에 증발해 버린다. 그러나 때때로 순간은 연장된다. 서로는 서로의 속내를 가늠하지 못하는 양방향의 응시 속에서 잠시 동작을 멈춘다. 그리고는 제 가던 길을 재촉한다. 이것이 야생 동물과의 만남이다.

온대림에서나 볼 법한 노란 햇살이 나무 사이로 길게 몸을 뉘이고 있었다. 갑자기 인 산들바람은 한 뭉치의 벌레 떼를 데리고 어디론가 달아나 버렸다. 몇 달 전에 일어난 산사태로 북쪽 면의 나무들이 몽땅 쓰러지면서 경치가 시원하게 트였다. 아래쪽의 질퍽한 늪지대와는 달리 그곳이 내려다보이는 이 등성이는 늘 건조한 편이었고, 그래서 이 찜통 같은 열대 우림의 마수로부터 잠시 벗어난 해방감을 느낄 수 있었다. 이 근방에서 표범의 발자국이 자주 발견되어서인지 나는 여기에 올

때마다 늘 그 숭고한 야수와의 대면을 상상했다. 잡아먹혀도 좋으니 이 숲의 무대에서 조우할 수 있게 해 달라고 빌었지만 별 소용은 없었다. 도도한 그들은 우리의 목숨을 건 소망 따위에는 큰 관심이 없는 모양이었다. 야생에서 맹수를 직접 보았다는 연구자들의 경험담을 들어 보면, 보통 사람을 물끄러미 바라보다가 곧 재미없다는 듯 유유히 사라진다고 한다. 그래, 바랄 걸 바라야지. 밀림의 황제 격인 최상위 포식자와의 독대를 바라는 야무진 꿈은 일찍이 접는 것이 상책이다. 그 정도의 기가 막힌 행운을 누린 적은 없지만, 나에겐 세계 각지에서 가진 크고 작은 동물들과의 소소한 만남이 한 아름 있다. 어느 하나 귀하지 않은 것이 없는 소중한 순간들로, 내 마음의 야생 앨범에 고이고이 간직해 놓고서 필요할 때 한 번씩 들춰 꺼내 본다. 정작 동물 자신들은 전혀 마음에 두고 있지 않으리라는 사실을 나는 잘 안다. 하지만 채 1초도 안 되는 만남이었다 할지라도 지금의 나를 구성하는 중요한 일부분이 되었다는 점을 생각하면 그들에게 고마울 따름이다. 그때 내 앞을 지나가 줘서.

동물이 거주하고 있는 그들의 자택으로 직접 찾아가 뵙는 것이 자연에 대한 예의이다. 우리 편하라고 잡아 가두고서 쳐다보는 것은 만남이 아니다. 스스럼없이 자유를 만끽하고 있는 동물과 우연히 마주할 때에만 그것이 진정한 만남으로서 유효하다. 남의 집에 들어설 때와 마찬가지로 떠들썩하게 떼를 지어 몰려가서는 안 되며 아무 때나 들이닥쳐도 아니 된다. 또한 그 만남은 언제나 거리를 둔 관계이어야 한다. 총알이나 낚싯바늘, 올가미 등의 무기류가 동원된 일체의 '교제 행위'는 강요

된 스킨십에 불과하다. 오직 쌍안경과 같은 렌즈만으로 그 거리를 극복함으로써 종마다 각각의 컴포트존(comfort zone)을 침범하는 결례는 범하지 말아야 한다. 입산 금지 지역 등은 당연히 들어가는 것을 삼가서 거주민들의 프라이버시를 존중해 드리고, 설사 그들을 알현하지 못했다 하더라도 하등의 불만을 갖지 말자. 관광객 상대하는 것 말고도 할 일이 많으신 분들이다. 그리고 생태적 사고의 가장 기본에 충실하게, 그곳엔 발자국 외에는 아무것도 남기지 말자. 가지고 돌아오는 것도 오직 기억뿐. 만남을 통해 그분들을 닮아 가자.

스리랑카의 한 지붕 동물 가족

어렸을 때부터 여러 가지 생태적 환경에 노출되었던 것은 내가 누린 가장 큰 행운 중 하나였다. 결벽적인 위생 개념이나 괜한 거부감이 형성되기 전의 시절에 접하는 자연은 제 아무리 길들여지지 않은 것이라도 온화하고 자연스럽게 다가온다. 적도 부근에 위치한 섬나라답게 스리랑카는 열대의 온습한 기후를 어린 나에게 뿌리 깊게 선사해 줬고, 그 덕분에 나는 커서도 이 환경에 대한 향수를 가질 수 있게 되었다. 그때 나는 동물을 만나기 위해서 집의 테두리를 벗어날 필요도 없었다. 가령 부엌 창틀에 줄지어 대기하고 있는 까마귀들은 사람이 등만 돌리면 음식을 낚아채 가곤 했다. 어떤 때는 하늘이 까매질 정도로 녀석들이 한꺼번에 날아올랐는데, 속설에 의하면 동료 중 한 마리가 죽어서 치르는 집단 장례식이라 했다. 야자, 바나나, 파파야 등 과실나무에 둘러싸인 집에서 살았기에 일상이 모험이 되었다. 한 번은 커다란 녹색 앵무새가 집안으로 야단스럽게 날아 들어왔고, 열매를 수확하러 간 구아바나무에서는 마카크원숭이가 가장 크고 달콤해 보이는 것을 따서 한참 맛있게 먹고 있는 중이었다. 쫓아내려 하자 도리어 화를 내던 모습에 깜짝 놀랐던 기억이 난다. 아, 이 열매가 우리 소유라고 생각했던 건 단지 우리 생각이었을지도 모르는구나. 대체 무슨 이유인지 화장실 변기 옆에 똬리를 튼 뱀을 발견하고 누군가가 소스라치게 뛰쳐나와 집에 한바탕 소동이 벌어진 적도 있다. 바퀴벌레는 왜 그리도 큰지, 「스타워즈」의 외계 병정처럼 붕 날아와 헬기식으로 착지하는 모습에서는 카리스마마저 느껴졌다. 책을 보다 좀 가려워 옷을 들추자 바퀴벌레 두 마리가 떡하니 내 배 위에서 쉬고 있던 광경은 지금도 뇌리에 선명하다. 물론 난 그 놈들을 쫓아냈다. 하지만 엄청난 사건인 양 호들갑을 떨지도 않았고, 그 덕에 짐승을 미워하게 되지도 않았다. 예전에 겪은 트라우마 때문에 동물을 싫어한다고? 보라! 오히려 그 '징그러운 녀석들'과의 만남에 동물들과 더 가까워지지 않았는가.

덴마크의 정원 이웃들

북구의 싸한 기후대와 어울리는 높다란 침엽수가 경건한 그림자를 드리우는 정원이 우리 집 뒷문으로 나가면 펼쳐져 있었다. 당시에 무척 크게 느껴졌던 그 공간은 나중에 다시 찾아가보니 정말 얼마 되지 않았다. 하지만 인접한 집마다 녹지를 구비하고 있고 또 수풀이 자연스럽

게 어우러지게 놔두는 정원 가꾸기 문화 덕분에 이곳은 많은 동물의 보금자리가 되었다. 몸을 구부려 풀을 뒤지면 벌레와 지렁이를 쉽게 찾을 수 있을 정도로 비옥한 땅이었는데, 재미있는 것은 심심치 않게 현관문에 죽은 동물이 놓이는 현상이었다. 제 발로 걸어와 그곳에서 마지막 숨을 거두었는지, 어떤 희한한 취미의 요정이 나를 위해 동물들을 배달해 준 것인지 나는 아리송했다. 하지만 그 덕에 아침에 문고리를 돌릴 때마다 나는 숨을 죽였다. 작은 새, 들쥐, 거미, 잠자리 등이 현관 매트에 놓여 있는 날이면 고이 들고 가 집 뒤편의 높은 침엽수 밑에 묻어 주었다. 잠시 엄숙한 묵념의 시간을 갖는 것도 빼놓지 않았다.

겨울이 되면 이 정원은 더욱 빛을 발했다. 솔방울마다 눈이 송송이 내린 상록의 소나무 가지 위에 앉은 붉은색 다람쥐, 이 조합만큼 생태 미학적으로 완벽한 것이 있을까. 나는 오래전부터 이 광경을 보며 그렇게 생각하곤 했다. 머지않아 그만큼 멋진 장면이 연출되었다. 우리는 여름에 잡초를 제거하던 중 여우 굴을 발견했고, 여전히 사용되는지를 알기 위해 먹다 남은 닭 껍질을 근처에 놔두었다. 다음 날이면 어김없이 고기는 사라졌고 우리는 뛸 듯이 흥분했다. 겨울철에 근황이 궁금하던 차 어느 날 눈 위에 그림 같은 발자국이 발견됐다. 여우의 것을 쭉 따라가자, 다른 편에서 오던 새 발자국이랑 한 지점에서 겹쳤고, 거기서부터는 여우의 발자국만이 총총총 이어졌다. 우리는 거의 까무러칠 지경이었다. 며칠 후, 나는 거실에서 창문을 통해 정원을 바라보고 있었다. 바람이 휙 불며 소형 눈보라를 일으켰다. 마법과 같이 여우가 그 자리에 서 있었다. 나는 그를, 그는 나를 가만히 바라보았다. 고개를 갸

우뚱거려 본다. 얼마나 지났을까. 나타났을 때와 마찬가지로 불현듯 여우는 없어졌다. 하지만 내 마음에선 절대 없어지지 않는다.

페루의 아마존 정글 여행

야생 동물에게 로망을 가진 사람치고 아마존을 동경하지 않는 이는 없다. 남미 국가 중 브라질 다음으로 아마존 열대 우림의 가장 많은 부분을 차지하고 있는 페루. 나는 이곳에서 봉사 단원으로 근무하고 있는 동생을 보기 위해 방문하였다. 행선지는 두말할 것 없이 페루 아마존 강 유역의 수도라 일컬어지는 이키토즈(Iquitos)였다. 울창한 삼림과 콸콸 흐르는 강으로 둘러싸인 이 도시는 육로로는 거의 접근할 수 없어 오직 배나 비행기로만 닿을 수 있다. 접근성의 차단이 자연을 지켜준다는 명제를 다시 한 번 실감하게 해 주는 곳이다. 오랫동안 기대하던 일이 막상 눈앞에서 벌어질 때에는 늘 어떤 몽롱함이 수반된다. 이름을 알 수 없는 어떤 지류에서 출발해 아마존의 본류에 도달하던 순간을 나는 보면서도 믿을 수가 없었다. 본류와 지류가 만나는 곳은 희한하게도 황토색과 검은색 물의 경계가 분명했다. 우리를 태운 쾌속선은 이 민물의 바다를 내달려 마침내 숲 속에 텐트가 마련된 섬에 도착했다. 무심코 뭍에 발을 내딛으려다 찰나에 피하고 말았다. 조그만 잎쪼가리를 든 가위개미들이 일렬종대로 길을 건너고 있었던 것이다. 한마리 한 마리가 자랑스럽다는 듯이 위로 치켜들며 걷는 그 녹색 전리품들의 행진이란! 책에서 보는 것과 정확히 똑같음에 나는 어리벙벙해

하며 숲 속으로 걸어 들어갔다.

한순간도 낭비할 수 없기에 우리는 짐을 풀자마자 곧장 정글 탐험에 나섰다. 그리 멀리 갈 필요는 없었다. 텐트 뒤에는 멋쟁이새(weaver bird)가 풀로 정교하게 만든 둥지로 한 나무가 다 덮여 있었다. 그 밑으로 대형 모니터도마뱀이 춤추듯 다리를 놀리며 풀숲을 헤치고, 카푸친원숭이는 힐끔힐끔 뒤를 돌아보며 나무의 수관부로 몸을 피했다. 하지만 진짜 하이라이트는 저녁 때 찾아왔다. 야간 탐험에 나서기로 한 것이다. 나는 그토록 부산스런 밀림은 그 어디도 다시 가 보지 못했다. 아무것도 볼 수 없는 새카만 어둠 속을 전등 하나에 의지해서 겨우 걷고 있었

지만, 주변에서는 계속해서 뭔가가 움직이고, 스쳐 지나가고, 꼼지락거렸다. 갑자기 거의 바위만 한 두꺼비가 길을 막고 앉아 있었다. 조용히 타일러도, 나뭇가지로 살짝 건드려도 꿈쩍도 하지 않았다. 도사 같은 이 밀림의 정령을 우리는 조용히 돌아 지나갈 수밖에 없었다. 검은 비단결의 강물에 우리는 카누를 띄웠다. 침묵 속에 얼마나 흘러갔을까. 사방에서 상상해 본 적이 없는 소리의 향연이 시작되었다. 마치 테크노 음악을 방불케 하는 기묘한 음질의 노래가 수천 개의 작은 입으로부터 나오고 있었다. 카누 밖으로 몸을 굽혀 보았다. 샛노란색의 개구리가 손전등의 스포트라이트 아래에 영롱하게 등장했다. 가이드가 조심하라는 한마디를 외친다. 나는 전등을 좀 더 멀리 비춰 보았다. 카이만(악어의 일종)의 두 눈이 빛을 반사해 주었다. 소리를 지르고 싶었지만 이 아름다운 교향곡에 소음을 보탤 순 없었다. 물론 공포가 아니라, 깊은 기쁨의 소리였다.

퍼핀과 새들의 섬

유명한 출판사인 펭귄 사의 책에는 모두 그 귀여운 동물의 로고가 새겨져 있다. 책을 펴기 전에 꼭 눈길 한 번 주는 일은 예부터 나의 독서 습관이 되었다. 아동 도서를 많이 내는 또 하나의 조류 테마 출판사로 퍼핀(Puffin) 사라는 곳이 있다. 마치 화장을 한 광대와 같은 얼굴과 항시 민망한 표정의 이 개성 충만한 새는 그야말로 캐릭터로 만들기에 최적화된 생물이다. 그림으로만 보며 동경하던 이 새를 실제로 보는 놀

라운 일은 영국 웨일즈 지역의 남서쪽 끝단인 스코머(Skomer) 섬에서 벌어졌다.

섬에 들어가려는 나의 첫 시도는 강풍과 해일에 막혀 버렸다. 단 하루 남은 잔여 일정에 날씨 운이 따르기를 바라는 수밖에 없었다. 그 날 아침, 배가 운항을 재개한다는 희소식이 우리를 기다렸다. 여전히 세찬 비바람과 물살을 가르고 도착한 섬은 표면이 온통 울퉁불퉁한 모양이었다. 조금 자세히 보니 사방이 토끼 굴이었다. 상주하는 사람이라곤 없는 이곳은 말 그대로 동물들의 세상이었다. 하늘을 보면 슴새, 바다 오리, 갈매기가 시야에 들어오지 않을 때가 없을 정도였다. 저기다! 누군가가 소리쳤다. 깎아지른 절벽 아래, 검은색 바닷물에 퍼핀 한 무리가 둥둥 떠 있었다. 뺨을 때리는 차가운 빗물도 잊은 채 나는 쌍안경을 넘실거리는 물 위의 검은 점들에 고정시켰다. 아, 좀 더 가까이서 제대로 볼 수는 없을까. 간사한 인간의 끝없는 욕심. 여기까지 온 나는 대놓고 많은 것을 바랐다. 이럴 때면 보상 대신 처벌이 내려지는 게 일반적이다. 하지만 이번만큼은 예외였다. 내 발치에서 아주 가까운 토끼 굴에서 누군가가 걸어 나왔다. 안주인은 복슬복슬한 털 대신 화려한 부리와 진한 눈 화장의 주인공, 바로 퍼핀이었다. 대문 바로 옆에 서서 바람 쐬듯 태연스레 배회하는 것이었다. 나 따위는 안중에도 없었다. 그림만큼, 아니 그림보다 더 완벽한 생명체의 실체를 기억에 선명하게 각인시키고자 나는 어떻게든 뇌에 힘을 주었다. 퍼핀이여, 내 기억 세포 중에 남아 줘서 영광이나이다.

인도의 호랑이 탐험

전 세계에 파편적으로 흩어진 개체를 모두 모아야 채 4000마리가 되지 않는 호랑이. 이 위대한 동물이 사라지게끔 놔둔 나라의 시민으로서 나는 거의 성지 순례자와 같은 마음으로 호랑이의 왕국에 문을 두드렸다. 내가 찾은 코벳 국립 공원은 히말라야 자락에 위치한 곳으로서 인도의 가장 오래된 국립 공원이다. 지프차를 타고 들어가기 전, 나는 잠시 수풀 속으로 걸어 들어가 봤다. 커다란 영양의 한 종류인 닐가이가 조용히 시선을 피해 몸을 숨겼다. 조금 더 걷자 긴꼬리마카크원숭이 한 가족이 요란스럽게 낙엽 회오리를 일으키며 어디론가 단체 여행을 떠났다. 숲이 잠시 열리더니 건기 중 바닥을 드러낸 하천이 펼쳐졌다. 강변의 부드러운 모래에 뭔가가 눈에 띄었다. 커다란 호랑이 발자국이었다. 그 옆에는 사슴의 턱뼈가 덩그러니 놓여 있었다. 느낌이 좋았다. 오늘은 뭔가 벌어질 날이었다. 곧 지프차는 덜커덩거리며 아름답게 뒤틀린 반얀 트리 아래를 천천히 달리고 있었다. 나무 위에는 하누만랑구르원숭이, 나무 아래에는 삼바사슴이 차의 이동을 눈으로 따라갔다. 호랑이를 경계하기 위해 흔히 함께 노닌다는 설명이다. 거대 맹수의 숨결은 곳곳에서 감지된다. 가이드는 한 3미터 높이의 나무에 난 할퀸 자국을 가리킨다. 몸을 쭉 뻗어 영역 표시를 한 거란다. 저 정도면 나 같은 것은 그냥 한 방에……. 하지만 출입이 허용된 곳을 빙빙 돌아도 호랑이는 우리 앞에 등장해 주지 않았다. 대신 야생 공작이 인도의 미를 함축한 것인 양 숲 속을 고고히 거닐었다. 사람을 포함한 이곳의 모든

생물은 호랑이의 존재감 속에서 고개를 돌리고, 공기를 맡고, 눈을 치켜떴다. 나는 그것으로 됐다. 충분했다. 호랑이의 상을 내 망막에 포착시켜야 한다는 욕심은 버렸다. 내 눈앞에 없어도, 내 기억 속에 없어도, 그저 호랑이가 이 세상에 오래오래 있기만을 나는 바랐다.

20장

떠남

비숲. 나는 그곳을 비숲이라 부른다.

하늘에서 심상치 않은 소리가 난다. 한발 앞서 불어온 바람에 긴박한 소식이 실려 있다. 공백도 잠시, 작품의 서곡처럼 후드득 빗방울이 떨어진다. 비가 내린다. 엄청난 양의 비가 쏟아진다. 적시겠다는 의지가 대단하다. 검은 흙은 넘쳐흐르는 물을 담다가 그만 벅차 포기하고 하염없이 흘려보낸다. 몸부림처럼 땅을 파고든 뿌리들이 기다렸다는 듯이 물을 들이마신다. 왕성한 생명 활동에 박차가 가해진다. 광합성과 호흡에의 열정이 발산한다. 빛을 향한 생장과 만개로 서로를 뒤덮는 녹음의 축제가 숲의 체온을 상승시킨다. 물은 살아 있는 몸을 통과해 수증기가 되어 다시 하늘로 내보내어진다. 따뜻하게 젖은 공기는 더운 구름이 되어 나무 꼭대기에 걸려 무겁게 머무른다. 갑자기 임계점이 찾아온다. 제 무게를 채 이기지 못한 기체 덩어리는 순간 해체된다. 폭죽이 터지듯, 수억 개의 물방울이 기체를 배신하고 액체에 투항한다. 또다시 비가 내린다. 숲을 향해 물이 질주한다. 비가 탄생하고, 비가 몸을 맡기는 숲. 숲을 가능케 하고, 숲으로 스스로를 표현하는 비. 비라는 하늘과 숲이라는 땅의 맞닿음과 상호 침투. 지구상의 가장 완벽한 자연 현상.

정글, 밀림, 열대 우림. 이것이 바로 비숲이다. 나는 비숲에 살았다.

이제 떠날 때가 되었다. 연구는 종료되었고 탐험은 마무리되었다. 흐리고 무거운 날씨가 나의 마지막 날을 둘러싸고 있다. 몇 년 동안 꿈쩍

떠남

335

도 안 하던 커다란 여행 가방은 갑작스런 부름에 어리둥절해 한다. 그
곳을 보금자리로 삼았던 벌레와 먼지들도 툴툴거리며 마지못해 이사
를 간다. 남겨질 물건과 돌아갈 물건. 이를 판단하는 일에는 결단력과
슬픔이 수반된다. 언젠가 돌아올 것을 대비해서 나의 야외용 바지와
윗옷을 몇 벌 남겨 두기로 한다. 어차피 흙과 땀과 피로 물든 것들을 누
구한테 줄 수도 없다. 닳아빠진 슬리퍼와 장화는 마을에서 물려받을
후계자를 찾아본다고 한다. 이 큰 사이즈에 맞을 사람이 있을까, 이젠
둘도 없는 친구가 된 연구 보조원 아리스가 놀리듯 혀를 끌끌 찬다. 다
행히 나의 이 작은 방은 연구의 바통을 이어받을 후배 과학자가 머지
않아 온기와 고독함으로 채울 것이다. 완전히 버림받지 않을 거라는 사

떠남

실에 어느새 휑하게 빈 이 공간을 바라보는 나는 어색한 위로를 받는다. 하지만 마땅히 할 말을 찾지 못해 건네는 외마디 인사에 불과하다는 것을, 나는 안다.

야생 긴팔원숭이들이 연구에 협조하게끔 타이른 시간이 반, 그들의 행동과 생태에 대한 자료를 체계적으로 수집한 시간이 반. 현장의 일이 완료되면 그 데이터를 가지고 통계와 분석의 단계에 돌입하는 것이 과학의 과정이다. 삶의 방식은 골똘히 생각에 잠기거나 컴퓨터 화면과 오래 씨름하는 생활로 급격히 전환되어야 한다. 머리를 풀어헤치고 자유인처럼 숲을 활보하는 일은 이제 멈춰야 한다. 동물과 한솥밥을 먹으며 그들처럼 살았던 연구자일수록 이 변화는 불연속적으로 다가온다. 그래서 이별의 심연도 깊다. 숲에서 말 그대로 사투를 함께 벌인 현지인들과는 끈끈한 전우애가 다져진다. 그래도 이 사람들에겐 작별 인사라도 주고받을 수가 있다. 동물에겐 안녕을 고할 수가 없다. 아무리 마음을 전해도 나뭇가지에 앉은 긴팔원숭이는 가만히 쳐다만 볼 뿐이다. 감각이 뛰어난 그들이기에 어쩌면 약간의 차이를 감지했을지도 모른다. 오늘따라 시선이 좀 다르다는 걸. 맞아. 오늘은 달라. 오늘은.

비가 내린다. 모든 것이 복잡하게 엉켜 있고 모두가 미물에 지나지 않은 비숲에서, 오직 비만 압도적인 영향력을 행사한다. 비는 풍요 속의 빈곤을 가져온다. 엄청난 강수량으로 토양의 영양 물질마저 씻겨 내려가 열대 우림의 토양은 영양적으로 열악한 편이다. 풍부한 미생물, 균류 등의 분해자는 동식물의 사체를 너무나 빨리 분해하고 재활용시킴으로써 흙에 유기물이 축적될 겨를이 없다. 그래서 열대 우림을 개간하고 나면 오히려 농사가 잘 되지 않는다. 햇빛과 영양분이 제한 자원인 이런 상황은 모든 식물이 모든 식물에 대해 무한하고도 개별적인 경쟁을 벌이게끔 한다. 그 결과 생성되는 것이 바로 이 광대한 녹색 제국이다. 그 두터운 층위는 빛도 함부로 뚫고 들어오지 못해 비숲의 안은 어두침침하다. 어둠은 숨을 곳을, 복잡함은 살 곳을 만들어 준다. 제국이 융성할수록 엄청나게 다양한 생물의 죽살이가 펼쳐진다. 극미한 차원에서부터 생태계적 차원에 이르기까지 온갖 생명의 드라마가 관객 하나 없는 비숲의 구석구석에서 상영된다. 하지만 이 모든 것에 아랑곳하지 않는 존재가 바로 비다. 천둥소리가 우렁차게 대기를 가르면서 비는 중력을 추월하듯이 퍼붓는다. 식물마다 조금씩 다른, 그러나 대략

떠남

339

비슷한 운율에 맞춰 흔들린다. 빗방울을 맞아 털썩 잠시 고개를 떨군다. 몇 초 후 자세를 가다듬고 잔잔한 바람 놀이 진동을 재개한다. 그러다 다시 털썩. 빗방울의 고른 접촉이 만들어 내는 소리와 이에 응수하는 초목의 움직임은 통일된 테마와 개별적 자유를 동시에 표현하는 합작품을 창조한다. 모든 생명 현상의 근원인 물이 세상에 범람하는 시간은, 모든 동식물이 묵묵히 관조하며 엄숙히 받드는 생존과 존재의 향연이다.

나는 이곳에 왜 왔던가. 갈증과 더위와 가려움에 시달리는 불쌍한 생물이여, 무엇하러 여기까지 찾아 들어왔는가. 긴팔원숭이를 올려다보았다. 내 짧은 팔을 뻗쳐 저 긴 팔과 닿으려고 온 거라 나는 나직이

속삭였다. 한 동물을 향한 이 몸짓에서 그토록 요원한 삶의 의미를 찾으려 한 것은 아닐까. 아름다운 백발의 여인이 생각났다. 왜 침팬지를 사랑하고 연구하는지에 대해 질문을 받은 제인 구달은 이렇게 답했다. "침팬지는 자연이 인간에게 파견한 대사입니다." 영장류 중에서 인간과 가장 가까운 침팬지를 만나면 우리가 얼마나 자연적인 존재인지를 깨닫게 되고, 그러면 침팬지가 대표하는 자연계 전체에게 마음과 눈이 열린다는 뜻이다. 우리와 너무도 닮은 침팬지는 과연 뛰어난 외교관이다. 나에겐 긴팔원숭이가 그렇다. 긴팔원숭이는 수교와 통상을 논의하는 공식적인 외교관이라기보단, 우리와 가깝되 적당한 거리가 있는 조용한 동양적 사절이다. 비숲의 높고 신비로운 생명 세계를 가장 훌륭하게 함축하고 체화(體化)하는 그가 나에겐 가장 진정한 생태적 시적(詩的) 존재이다.

물론 나의 작은 비숲 이야기를 제인 구달이 지난 50년 동안 탄자니아의 곰베 국립 공원에서 엮은 대서사시와 견줄 생각은 추호도 없다. 인류사에 획을 그은 그의 연구와 삶의 족적은 인간을 재정의하고 우리의 자연관을 뒤바꿔 놓았다. 남들은 꿈도 꾸지 못하는 업적과 영광의 정점에 있던 그녀는, 1986년 시카고의 어느 학술 대회에 참가했다가 참담한 자연 파괴의 실상을 깨닫고 지구와 환경을 위한 운동에 투신하기로 결정했다. 여든을 넘긴 노령이지만 여전히 1년에 300일 이상 세계를 돌아다니며 희망과 실천을 호소하는데, 더 늦기 전에 노벨 평화상을 수여하지 않으면 간디 이후 노벨 위원회가 저지를 최대의 망신이 될 것으로 많은 이들이 예견하고 있다. 여러 젊은이들에게 그랬듯이, 제

인 구달은 나에게도 비슷으로 떠나게 해 준 롤모델이 돼 주었다. 게다가 나는 그녀와 직접 만나고 알게 된 둘도 없는 행운을 누렸다. 제인 구달은 1996년 첫 방문을 제외하고 2000년대부터 최재천 교수의 연구실을 통해서 다섯 차례 방한했는데, 그때마다 나는 국내 일정의 실무를 책임지는 영광을 누렸다. 첫 몇 년 동안은 제인 구달이 나를 기억하는지도 몰랐다. 당시에 들렸던 소문은 그녀가 워낙 수많은 사람을 만나기 때문에 누가 누구인지 분간을 잘 못한다는 것이었다. 안 그래도 서양 사람이 보기에 동양 사람들은 다 비슷해 보인다는데 충분히 이해가가는 얘기였다. 짧은 기간이지만 최측근 수행원 정도는 알아보기 편하도록 나는 그들을 그림으로 그린 일종의 식별 카드를 준비했다. 하지만웬걸? 제인 구달은 분명하게 사람을 기억했고 그런 안내판 따위는 필요로 하지 않았다. 언젠가 "저를 기억하실지 모르지만……"으로 시작한 이메일을 보내자 그녀는 나는 물론 내가 하는 연구와 내 어머니까지 잘 기억난다는 답장이 왔다. 거의 하루 단위로 수천 명에게 강연을하고 고위직 인사를 줄줄이 만나는 강행군 일정 속에서도 디테일을 놓치지 않는 섬세함은 곳곳에서 빛났다. 가령 식당에서 물을 필요 이상으로 따라 주려 하면 늘 거부했다. 자리에서 일어설 때 잔에 남은 물이버려지는 걸 누구보다 싫어했던 것이다. 식사는 채식으로 아주 간소한것으로 준비해 달라고 신신당부했고, 숙소도 늘 똑같은 어느 기숙사방에서 묵었다. 행사 사이에 잠시 짬이 나면 그녀는 편지를 썼다. 만난사람들에게 일일이 앞으로도 힘써 주기를 당부하는 자필 메시지를 전달하기 위해서였다. 하루가 끝날 때마다 오늘 만난 사람들의 이름과 주

소를 정리해서 드리는 일은 우리의 일과가 되었다. 침팬지에서 출발해 모든 생명에게로 나아간 그 삶의 빛이 내 가슴 어딘가를 비췄기에 나도 비숲으로 떠날 수 있던 건 아닐까 생각해 본다. 나는 제인 구달이 동물 대표단과 상봉하는 모습의 그림을 그려 선물했다. 그녀는 몹시 기뻐했다. 나는 오죽하랴.

떠나려니 계속 비가 내린다. 비숲에서는 아무도 비를 피하지 않는다. 비가 전부이기 때문이다. 물을 피한다는 건 비숲을 빠져나간다는 의미이다. 어차피 완전한 은신처는 없다. 나뭇가지 밑으로 숨어 봤자 틈 사이로 물이 새고, 내린 물이 차오르면 굴속으로도 물줄기가 흐른다. 그래서 긴팔원숭이들도 그저 동작을 멈출 뿐 요란스럽게 피할 곳을 찾지 않는다. 나뭇가지에 무더기로 얹혀 자라는 수많은 착생 식물 중 하나처럼, 녀석들은 소리 없이 비의 제의에 동참한다. 이 비는 곧 식량으로 탈바꿈될 것이다. 강우량은 열대 우림의 일차 생산량을 관장하는데, 우기와 건기를 비교하면 거의 대부분의 비숲에서 우기에 먹을 것이 많다. 내리는 비는 그래서 풍요로운 미래를 의미한다! 내려라 퍼부어라! 미동도 없는 원숭이의 눈에는 이 인과 관계를 깨달은 인지 작용의 흔적은 없다. 그러나 수천 년을 거친 이들의 진화 역사와 그 결과 긴 팔원숭이가 가진 온갖 적응은 이 인과 관계를 이미 반영하고 있다. 비 내림의 기쁨은 이들의 영장류 유전자에 유유히 흐른다.

생물이 넘치는 비숲에는 오히려 인간이 적다. 아니 인간이 적어야만 여전히 비숲으로 존속한다. 그저 생물 다양성에 하나의 종을 추가하는 정도로만 존재감이 그쳐야 그것이 비숲이다. 하지만 이제 지구 어디에서도 온전한 처녀림이란 거의 찾아볼 수 없다. 비숲의 경계에는 늘 현지인들의 촌락이 있다. 비숲의 동물을 연구하러 온 과학자에게 이들은 가장 절실한 동반자이자, 반가운 이웃이자, 잠재적으로 위험하기도 한 경계 대상이다. 과학자의 삶은 이들이 공급해 주는 음식, 이들이 지은 집, 이들이 모는 자동차에 완전하게 의존한다. 이들이 쓰는 언어의 통신망에 몸을 담가 문화를 체득하고 동식물을 그 나라 말로 부르는 법을 배운다. 이들과 나누는 서툰 대화와 상호 관대한 웃음은 이 생활의 값진 자산이 된다. 하지만 원래 비숲의 경계에 살던 사람과 나 사이에는 분명한 차이점이 있다. 그에겐 뒷동산이 나에겐 오지이다. 나는 새로운 대상을 탐구하러 온 존재이기에 이곳과 나와의 거리감은 필수적이다. 그 거리가 나는 좋다. 사람으로부터의 거리가 이곳을 온전하게 해 줄 수만 있다면.

　이제 비숲으로부터 나를 거두련다. 집으로 돌아가련다. 내가 남긴 엷은 흔적들일랑 대자연이 지혜롭게 지워 주리라 믿는다. 며칠만 지나면 숲 여기저기에 뿌린 내 수많은 발자국은 비에 쓸려 사라지고 없을 것이며, 내가 낸 좁은 길도 금세 뒤덮여 더 이상 길이 아닐 것이다. 연구라는 과업을 수행한다는 명목으로 비숲에 머물면서 자연에 최소한의 방해만 끼치고자 최선을 다했지만 그것이 크던 작던 나는 죄송한 마음이다. 내 칼에 베어진 풀, 내 동작에 화들짝 놀란 짐승, 내 발에 굴러 떨어진 돌이 한둘이 아니었음을 고백한다. 인간의 배우고 알고자 하는 행위에 수반되는 부대 현상이라 할지 모르지만, 그것을 인정한다 해도 학문이 이 위대하고 아름다운 생명 세계 자체보다 더 가치 있는 것이 되진 않는다. 꿈결 같은 이곳에서의 삶을 뒤로 하고 문명 세계로 돌아가면, 긴팔원숭이의 갖가지 행적을 좇았던 나만의 비숲 전래 동화들은 딱딱하고 객관적인 글과 수치로써 학계에 보고될 것이다. 아무도 존재조차 몰랐던 이 특정 영장류 가족들의 하루 일과와 식사 버릇이 전 세계에서 열람이 되도록 문서와 정보로써 호환될 것이다. 극히 작은 과학적 보탬이고 미약한 학문적 기여이지만, 나무 사이를 넘실거리는 나의 사랑하는 벗들을 역사 속에 기록해 둘 수 있다는 사실에 나는 경건한 영예로움을 느낀다. 나무 위의 그들, 땅 위의 나. 우리 사이의 거리. 그리고 그 모든 것을 품은 비숲. 비가 내린다. 비가 내 얼굴을 적신다. 눈물과 비가 섞인다. 내 심장에서도.

감사의 말

비숲으로 떠나기 전부터 난 비숲에 살았었다. 나와 동생 한민이는 제법 나이가 들어서까지 한 방에서 생활했고, 우리는 그 공통의 공간을 '비숲'이라 불렀다. 이 책의 제목, 착상 그리고 작품 정신은 이 방과 우리 사이로부터 비롯되었다. 막내 동생 자한이는 인도네시아의 밀림까지 직접 찾아온 유일한 가족이었다. 굳이 가족의 대표를 자처하진 않았지만, 그는 언제나 가장 시적인 사람이었기에 나는 덕분에 모두의 존재감을 누렸다. 솔하 누나는 손으로 쓴 보물 같은 편지들을 먼 열대로 띄워 주어 야생 속 나의 삶에 인성의 등불을 밝혀 주었다. 어머니와 아버지께서는 근원적인 생명 그 자체와, 내가 하나의 야생 동물로 성장하여 내 서식지를 찾아갈 과정과 능력과 자유를 선사하였다. 그리고 강아지 여동생 국희와 난희는, 각각 하늘나라와 땅에서, 그저 잘 있어 주었다.

『비숲』에 기록된 한국 최초의 야생 영장류 연구는 나와 지도 교수 최재천 선생님의 합작품이다. 어느 한쪽이라도 좀 덜 '무모했더라면' 아마 여기까지 올 수 없었으리라. 이토록 '이상한 제자'를 너그러이 거두면서, 동시에 삶을 통해 직접 통섭적 과학자상을 선보인 선생님 덕에 나는 거리낌 없이 과학과 창작의 경계를 기웃거릴 수 있었다. 본국의 지원에 의지한 객지에서의 연구 활동은 연구실 총무이자 친구인 선영이의 온갖 업무적 활약과 응원에 의해 가능하였다. 그 활약은 광합성으로 생태계를 떠받치는 식물처럼 조용하고 굳건했다. 이화 여자 대학교 행동 생태학 연구실의 영장류팀 후배들은 내가 떠난 이후부터 지금까지 비숲의 연구 전통을 이어 왔고 어느덧 한국 영장류학의 역사를 함께 쓰고 있다. 그리고 먼 비숲에까지 찾아와 준 몇몇 후배와 친구들은 반가움을 가져오고, 소중한 이야깃거리와 사진을 남겨 주었다.

국지적으로만 존재했던 이야기가 더 넓은 세상으로 나온 데에는 또 다른 도움들이 기여했다.《한겨레신문》의 남종영 기자와 고경태 편집장은 비숲의 경험이 문자화되도록 중요한 집필의 계기를 마련해 주었다.『비숲』은 토요판의 기획 연재「긴팔원숭이 박사 김산하의 탐험」총 20회를 한데 엮고 살을 보태어 만든 것이다. 평소에 소망했던 제목을 달고 어엿한 책의 형태로 탄생하게 된 데에는 사이언스북스 식구들의 이해와 배려가 그 밑바탕이 되었다. 그리고 나의 반려자 규리는 삶과 창작에 필수적인, 귀한 마음의 안정과 평화를 안겨 주었다.

아래에 있던 나와 아리스, 누이, 싸리. 위에 있던 긴팔원숭이 벗들.
비가 오고, 야생이 넘실거리고, 생명의 숨결이 뜨거웠던 비숲.
거기에 내가 있었음이, 그것을 이야기함이 감개무량하다.
그저 감사할 따름이다.

강릉에서
2015년 5월
김산하

사진 저작권

아래 표기된 사진들 이외의 모든 사진은 당사자 합의하에 저자에게 공동 저작권이 있음을 밝힙니다.

287쪽, 289쪽 ⓒ김예나

300~306쪽, 308쪽, 309쪽 ⓒTeguh Priyanto

342쪽 ⓒ안상미

비숲

긴 팔 원 숭 이 박 사 의
밀 림 모 험 기

1판 1쇄 펴냄 2015년 5월 8일
1판 14쇄 펴냄 2024년 3월 31일

지은이   김산하
펴낸이   박상준
펴낸곳   (주)사이언스북스

출판등록 1997. 3. 24.(제16-1444호)
         (06027)
         서울특별시 강남구 도산대로1길 62
대표전화 515-2000   팩시밀리   515-2007
편집부   517-4263   팩시밀리   514-2329
www.sciencebooks.co.kr

ISBN 978-89-8371-731-3 03400